U0346807

最设计·小品 04

适合 Fit

一个建筑师的宣言

〔美〕罗伯特·格迪斯 (robert geddes)　著

张　淳 译

山东画报出版社

图书在版编目(CIP)数据

　　适合：一个建筑师的宣言／（美）格迪斯著；张淳译．—济南：山
东画报出版社，2013.11
　　ISBN 978-7-5474-1023-3

　　Ⅰ.①适…　Ⅱ.①格…　②张…　Ⅲ.①建筑设计－研究　Ⅳ.①TU2

　　中国版本图书馆CIP数据核字(2013)第177052号

山东省版权局著作权合同登记章图字：15-2013-118

责任编辑　王硕鹏
装帧设计　王　钧
主管部门　山东出版传媒股份有限公司
出版发行　山东画报出版社
　　　　　社　　址　济南市经九路胜利大街39号　邮编 250001
　　　　　电　　话　总编室 (0531) 82098470
　　　　　　　　　　市场部 (0531) 82098479　82098476(传真)
　　　　　网　　址　http：//www.hbcbs.com.cn
　　　　　电子信箱　hbcb@sdpress.com.cn
印　　刷　山东临沂新华印刷物流集团
规　　格　140毫米×203毫米
　　　　　3.125印张　10幅图　50千字
版　　次　2013年11月第1版
印　　次　2013年11月第1次印刷
定　　价　15.00元

　　　　　如有印装质量问题，请与出版社总编室联系调换。

图 1　由皮耶罗·德拉·弗朗西斯卡和莱昂·巴蒂斯塔·阿尔贝蒂所作的画板油画《理想城》。该画创作于 1470 年以后，展示了一座"理想城"（"上帝之城"）。意大利乌尔比诺阿尔马尔凯国家美术馆／阿里纳利国家摄影博物馆／布里奇曼艺术图书馆收藏

图 2　安布罗乔·洛伦泽蒂于 1338 至 1340 年间作于意大利锡耶纳市政厅会议室墙壁上的湿绘壁画《好政府的寓言》的细节。布里奇曼艺术图书馆收藏

目 录

序言

设计

每个人都是建筑师。

小到设计和平会议上桌子的形状，大到制定交易的战略发展计划，我们每天都在规划着如何完成我们的目标。或许，像温斯顿·丘吉尔（Winston Churchill）称赞马歇尔一样，我们甚至可以被称作是"构建胜利的建筑师"。

设计就是为达到一定目的而创造、组织、布置事物。设计师就是要让所有的东西相互适合。

> 所谓设计，就是找到一个能够改善现状的途径。
>
> ——赫伯特·A.西蒙，经济学家

从本质上来说，设计与艺术和科学都不相同。艺术家寻找的是灵感与表达，科学家探索的是知识与解释，但这些都不是为了达成某个既定的、已知的、客观的或明确的目的，与之相反，设计师却总是受目的驱动。设计既是过程又是结果，它总是与外界有着千丝万缕的联系。

环境

我们为什么要设计居住和工作的场所？为什么不干脆住在大自然中或一片混乱中，又或是其他什么特别的环境中？

我们需要一个可理解的环境。我们要知道自己身在何处，从何处来，又要到何处去。我们要能够了解周围的世界，了解它的结构和意义。我们需要一种地方感。

我们需要一个可操作的环境，需要一个能够保护我们，让我们安心完成生活中各项工作的地方。我们需要可供我们开展活动的地方，比如农业生产需要的农场，经济发展需要的厂房和城市，军事防御需要的堡垒，娱乐活动需要的运动场地，宗教仪式需要的教堂、清真寺和寺庙。

我们需要一个合乎道德的环境，因为建筑对自然和社会都是一个强有力的促变因素。建筑环境很可能会破坏资源，同时又会对包括人类在内的生物物种的生存造成威胁。最好的情况是它既能为我们提供高效的生产环境，又能保持环境的可持续发展。但不管怎样，总会引发一些道德问题：我们为谁而建？会带来什么后果？

我们需要一个美丽的环境，光线和色彩相互映衬，平滑与粗糙相互点缀，冷暖相宜，动静结合，点点滴滴都会让我们倍感愉悦。我们需要一个地方，在这里我们可以感受条理与繁杂，统一与多样，和谐与混乱，均衡与律动。我们都想感受美丽，感受幸福的承诺。

没有人生活在泛泛的世界之中，每个人，即使是那些惨遭放逐、流浪在外、失散多年、甚至漂泊终生的人，都生活在世界某个特定而有限的空间中。——《周围的世界》

——克利福德·格尔茨，人类学家

因为必须，我们住在房屋里，

若有选择，我们住在建筑里。

为了遮风挡雨，我们必须建造房屋；为了在一起生活和工作，我们也要建造房屋。房屋是维持我们生活的机制。

同时，建筑能对我们是谁，身居何处，又忙于何事这类问题给出信息。通过建筑，我们可以表达自我，回忆过去，体现社会机构，显示所处位置。

我们时代的建筑

历史学家告诉我们，我们处在一个"断裂的年代"，我们每天都居住在"建筑的邪恶王国"里。绝望之余，人们开始迫切寻求帮助：

但是在过去的 25 年里，社会上的各个领域出现了越来越多的思想与论断，曾经主导二战后的文化生活开始破碎解体。现在人们很少谈论社会、历史、权力，我们听到更多的是个人，是偶然，是选择……有人说历史会加速进入一个充满各种可能性的阶段。25 年来，时代的大潮走向了崩溃。

——丹尼尔·罗杰斯，社会历史学家

过去，建筑像是一本行文连贯的书，前后呼应，相互支撑，而现在的建筑文化却分裂成了迷乱的、毫无联系的片段，或许个别还有纪念意义，但整体已经迷失了方向……必须为重整这些碎片做些什么了，但我们到底应该做些什么？

——迈尔斯·格伦迪宁，建筑历史学家

必须为重整这些碎片做些什么了，但我们到底应该做些什么？

我们需要建筑更具兼容性。

它必须与此时此景相适合。

它必须与未来改建相适合。

必须适合。

什么是"与此时此景相适合"呢？它正好与"为建筑而建筑"

相反。它与社会和环境密切相关，并且有着深刻的政治性。它与艺术和人类密切相关，又与科学和技术相互作用。它指的是既能满足建筑用途又能与周围环境相融合的建筑。

什么又是"与未来改建相适合"呢？在此，我们必须谦虚地承认，现在我们还无法预知未来，但是，我们可以在头脑中思考、设计、建造未来，甚至想象在未来生活。这是我们迈向"兼容性建筑"的一步，是意义深远的一步。有人可能会问，在此之前我们该做些什么，之后又将如何呢？我们应该如何改变，又该如何发展？

答案是我们需要一个更好的建筑评价标准。这个标准应该取代现代主义者"形式服从功能"原则和一直很时髦的"外形论"。建筑师、客户、建筑的使用者，社区领导以及公共政策和计划的制定者，这些人都应广泛参与讨论。我们应该集中精力来做这件事，它表面上看似浅显，但实际的内涵与联系却非常深刻。它应该像内科医生的希波克拉底誓言一样权威有力："不为各种害人及劣行。"那么我们应该如何设计"建筑师宣言"呢？

建筑应当以"适合"为中心——建筑的层次与组织、生长与形式都应如此。我们应当清晰大声地宣读"建筑师宣言"：适合（make it fit）。

适合

建筑师的任务就是设计适合的建筑。

与建筑目的相适合；

与周围环境相适合；

与未来改建相适合。

利昂·巴蒂斯塔·阿尔伯蒂 (1404—1472)

意大利：文艺复兴

对每个成员来说都应该分配到合适的地点和恰当的位置。

卡尔·弗里德里克·申克尔 (1781—1841)

德国：新古典主义

建筑就是按照与建筑用途相适合的原则，将各种材料组合成一个紧密的整体。显而易见，"适合"是建筑最基本的原则。

奥古斯都·威尔比·普金 (1812—1852)

英国：哥特复兴

建筑设计是否符合既定目的是对建筑美的一个巨大考验。

克里斯托夫·亚历山大 (出生于 1936 年)

英国／美国：现代主义

所有的设计问题都是在努力使两个实体相互融合的过程

中产生的，这两个实体就是形式与内容。内容定义了问题，形式则解决了问题。

为建筑而建筑？

亲爱的西奥：

　　生活于我会一直这么不加眷顾吗？我快绝望而死了！我的头快炸了！索尔·施维默女士正起诉我，因为我跟着感觉走为她设计的桥不符合她那荒唐的品味。对，就是这样！……我本想把她的桥设计得大气磅礴，每个方向都有火一般熊熊向上的放射状牙齿。但是现在，她失望透顶，因为这完全不合她的胃口！她就是个愚蠢的中产阶级分子，我真想扁她！我试着将不合她胃口的金属板硬塞回去，但它们还是像星星吊灯一样喷薄而出。我就是觉得它们很美呀！但施维默女士说她无论如何也接受不了。我管她接不接受得了呢！西奥，再这样下去，我真的无法继续了！……

　　文森特

　　　　　　　　　　　　　　　　　——伍迪·艾伦

　　有时，建筑师坚持认为他们所做的工作不为任何外界目的服务，它是自身的一种追求，只能从它本身出发进行理解。就像"为艺术而艺术"一样，我们为什么不能"为建筑而建筑"呢？"自主性建筑"（autonomous architecture）的奇妙想法源自于一些非常可敬的人物，哲学家伊曼努尔·康德（Immanuel Kant）就是其中之一。康德把人类的能力分为三大类：认知能力、从善能力和审美能力，将真、善、美分开而论，就此打开了通向"自主性"的大门。 因此作家兼评论家泰奥菲尔·戈蒂埃（Theophile Gautier）可以说美和实用毫无联系："只有毫无用处的东西才是真正的美丽，任何有用的东西都是丑陋的。"作家奥斯卡·王尔德（Oscar Wilde）可以说艺术和道德生活毫无联系："没有艺术家是有道德同情心的，道德同情心就是一股不可容忍的矫揉造作之风。"画家克莱夫·贝尔（Clive Bell）可以说："除了形式感、色彩感和三维空间的知识，我们什么都不需要。"

　　对一些建筑师来说，"自主性"似乎有着不可抗拒的吸引力。这位当代建筑师的自白就是一个很好的例子："建筑就是建筑师为自己所做的设计……我最好的作品没有任何目的。"这个自我陶醉的言论或许只是一种挑衅……但也可能是正确的。如果一个建筑不符合"适合"的原则，那么它起初是如何构思，又为何而设计，也就不再那么重要了。

　　"必须为重整这些碎片做些什么了，但我们到底应该做些什么？"

　　我们需要一种全新的认识：建筑设计必须使一切事物相互适合。

建筑源于自然

感受自然：光

我们生活在阳光与阴影、日光与黑暗之中。伴随四季轮换，我们感受着大自然年复一年的光线循环；伴随日出日落，我们感受着大自然日复一日的光线循环。自然之光与万有引力不同，万有引力恒久不变，而自然之光却变幻无穷。

> 起初神创造天地。地是空虚混沌。渊面黑暗。神说，要有光，就有了光。
>
> ——《创世纪》

现在的我们可以制造人造光，并可以按照自己的需求随时随地地分配和使用。而我们的祖先只能通过两种途径获得自然光源：一是从天上，例如太阳、月亮、星星或闪电；二是从地上的篝火获取光源。

所有物种都离不开阳光，因为光合作用（将阳光转化为能量的过程）是地球上一切生物生长的基础。"这就是我们为何需要阳光，为何在太阳落山后必须自己制造光的原因……人造照明光线给我们带来了方便。"

当然自然光也十分适用，我们可利用东侧的光线照亮我们的寝室和图书馆，冬日可利用西侧的光线照亮公寓和浴室，利用北侧的光线照亮画廊和其他需要持续光线的地方，因为北方的天空不会随着日出日落而忽明忽暗，它全天都保持稳定，不会改变。

——马库斯·维特鲁威·波利奥，《建筑十书》

第一卷第二章　"建筑的基本原则"

只有人类才会获取火，控制火，使用火。我们已经创建了诸多环境来保护自己，这些环境即可防止火焰肆虐，又可隔绝外界过强的光照；我们也已经建立起了获取、控制和使用两种主要光源（火和阳光）的环境。

历史学家告诉我们，古往今来，我们的祖先在白天利用自然光狩猎、捕鱼、耕作，但是夜幕降临之时，恐惧会随之而来。在中世纪的欧洲，人们会为黑夜提前作好准备，就像船员会在暴风雨来临之前作好准备一样。

在室内，炉火带来的光和热让我们感到舒适。因此，人们会用火炉的数量来评价建筑，就像人们会用帆的数量来评价船只一样。

纵观人类历史，人造光的产生离不开火，例如，蜡烛（燃烧的是动物脂肪、蜂蜡或煤油），油灯（燃烧的是植物油或动物油），煤气灯（燃烧的是石油或天然气），火炬（燃烧的是任意可燃物）。蜡烛和油灯与火炉不同，火炉只能固定在一个地方，而蜡烛和油灯可以随身携带，为我们照亮道路。它们是可携带光源，可以用在不同地方，或用于各种游行。

工业时代，人们发明了持续光，如果需要，这种光照可以随时随地获得。在像华盛顿时期的农业社会，人们几乎不需要全天候的人造光，因为大部分人（90％以上）都在白天的自然光照下进行耕作。而现在，不管何时何地，只要我们需要，就可以随时获得光照。

我们根据近看和远观的不同要求设计光线。例如，如果我们缝纽扣（需要近看）时，同时需要看到房间另一头的人（需要远观），这时我们就需要两种不同的光线："任务"光线照亮我们近处的空间，"环境"光线照亮我们周围的整体空间。

我们往往会被光线吸引：在家，我们会临窗而坐，享受阳光；在饭店大堂、购物中心、神圣之地或普通地方的中心，我们会聚在天窗下。

在不同的地点，我们会使用不同的照明设施：在家，我们会使用走廊灯、大堂灯、厨房灯；在工作场所，我们会使用台灯、安全出口灯；在剧院，我们会使用观众席灯、舞台灯。

在不同的场合，我们也会变换不同的光照强度：在家哄孩子睡觉时，我们会把灯光调暗；在公共场所集会时，我们会打开聚光灯；而在教堂，我们则会点燃圣坛蜡烛。

利用光线我们可以知道自己身在何处，也可以辨别如何从一个地方到另一个地方，光线就是我们的导航罗盘。动物（包括人类自己）利用自己的智慧，根据太阳东升西落的规律，创造了四个基本方向——东、西、南、北。这四个基本方向又相互交织，形成网格。动物建筑师们用阳光网格来设计自己的庇护所，建造网格大道、社区和城市。长岛日出高速公路（Sunrise Highway on Long Island，在东方）和好莱坞的日落大道（Sunset Boulevard in Hollywood，在西方）就这样自然地出现了。

感受自然：重力

> 万有引力定律：自然界中任何两个物体都是相互吸引的，引力的大小与两物体的质量的乘积成正比，与两物体间的距离的平方成反比。
>
> ——艾萨克·牛顿，《自然哲学的数学原理》

重力（地球之于万物的引力）不是随意有无的。在地球上，重力时刻伴随着我们，无处不在。无论我们站立，跳跃还是举起物体，都能感受到它的拉力。

我们都喜欢谈论自己与重力有关的经历。我们常常用一些隐喻来表达其中的感觉，"我高兴得跳了起来"或是"我的心沉了下去"。在公众演讲中我们也常常用到它，"总统责任重大"或是"形势十分严重"。心情愉快时，看到拱门，我们可能会说拱门"跃然而起"，看到高塔，我们可能会说高塔"直插蓝天"。

重力不仅作用于我们的身体，还作用于建筑。所以，当我们站上高耸的动态建筑（例如埃菲尔铁塔）时会兴奋不已，看到坚实稳固的建筑（例如埃及金字塔）时也会赞叹不已，尽管它们看起来大相径庭，但却利用了同样的几何模型来获得稳定性，那就是三角形。三角形的底部就好似大自然的"土地"，建筑物的"地基"。

不像光线和热量可以作用于任何方向，重力只作用于一个方向，那就是竖直向下的方向。重力给出我们一条竖直线，我们就能据此想象出一个水平面。

因为地球近似一个球体，所以无论站在哪个点上，竖直向下的重力总是指向球心，水平线则总是与地球表面相切。绝对的竖直线和绝对的水平线在自然中是不存在的，但由于人类太过渺小，所以在现实生活中，我们会感觉这些线好像存在，并且会在建筑中用竖直的立柱和水平的横梁将其表现出来。

这些立柱和横梁架构在一起，形成了一个三维网格框架，这对建筑产生了深刻的意义。它是我们地方感的一种组织形式，也是处理重力问题的一种结构形式。

对于重力问题，还有许多其他的解决方案，拱顶就是其中

5

之一。它可以跨越空间向上拱起，就像罗马万神殿（Pantheon in Rome）、法国中世纪教堂、伦敦铁路终点站的顶棚以及悉尼港的歌剧院。我们也庆幸有悬挂结构（suspension structures），它可以平衡掉重力的下拉力作用，所以这一结构是必需的，而不是可有可无的。

"垂曲线"（"catenary" curve）是在重力的拉力作用下形成的一种很美妙的结构。我们通常在以下两种情况下会看到这种垂曲线结构：一是在结构处于紧绷状态时，比如一条向下倾斜的钢索曲线；二是当结构处于受压状态时，比如向上拱起的混凝土圆屋顶。不管内部还是外部，大多数圆形建筑的穹顶看起来都不像是倒挂垂曲线，而更像是一个球体，一个更加简单的几何体，比如罗马万神殿、华盛顿美国国会大厦（Capitol）。面对这样一个建筑，观察者的视觉和心灵都会无比满足，但是对于施工人员来说这并不容易实现。

是追求静态稳定还是追求动态平衡？可以说，历史上所有的建筑都倾向于二者的不偏不倚。这个问题至今仍备受关注——《纽约时报》（New York Times）最近略开玩笑地说："一堵干燥的石墙其实就是一堵没有使用灰浆建成的墙。"因此，与灰浆墙构成不同的是，"支撑干石墙的只有两样东西：重力和摩擦力"。

史上先有的是墙，后来圆柱从墙脱离出来而拔地而起，古典主义的建筑语言就此诞生。到了中世纪，圆柱、横梁、墙和拱顶这些经典的静态稳定结构逐渐演变成了哥特式建筑中肋架拱顶和飞扶壁那样的动态平衡结构。当代，路易斯·沙利文（Louis Sullivan）设计了圣路易斯的温赖特大厦（Wainwright Building in St. Louis），密斯·范德罗（Mies van der Rohe）设计了纽约的西格拉姆大厦（Seagram Building），两者都体现了古典的稳定结构，与弗兰克·劳埃德·赖特（Frank Lloyd Wright）设计的坐落于瀑布之上的悬臂式建筑和弗兰克·盖里（Frank Gehry）设计的顶部翻滚着金属帆的博物馆形成鲜明对比。后者更大胆前卫，对重力作用更具挑战性，同时也实现了伊卡洛斯（Icarus）的飞行之梦。

现代人的飞行梦想更加远大。如果我们真的想要去到外太空生活，就必须有人造重力来代替自然重力。否则，长期失重会给人类带来非常可怕的后果。我们的体液会流向头部，大脑也会激活排泄机制，对体液的增加作出反应，进而导致人体缺水；人体自动调节系统的工作也会变得异常，引起心脏大小和血液输出的变化；由于缺乏使用，我们的肌肉也会萎缩；我们的骨头会受到损伤；红细胞会减少；体重会下降；胃肠会极度胀气；嗅觉和味觉会发生退化；体型会变化；面部也会扭曲。整个画面将会变得惨不忍睹。

假若我们成功地在外太空创建了适宜生存的环境，那么人造重力就可能会变成我们生活中常见的东西，就像人造热量、人造光线一样。

现在，回到地球的我们会发现，人造重力能让我们更好地理解人类每天如何与自然重力生活在一起。没有重力，我们的身体无法存活，所以建筑必须知道怎样与之融合。我们依赖重力生存。

感受自然：景观

自然是所有建筑、景观和城市赖以生存的地方，也是它们灵魂与形象的源泉。

18 世纪建筑理论家马克-安托万·陆吉埃 (Marc-Antoine Laugier) 认为，建筑始于伊甸园中亚当的原始小茅屋。在他《论建筑》 (Essai sur l'architecture) 一书的卷首插画中我们可以看到，端坐的缪斯正用手指向森林尽头的一个小茅屋，茅屋的木柱由四棵树充当，宛如一片改造过的森林。

对陆吉埃这幅插画还有另一种解释：缪斯不只要把我们的注意力吸引到这个小茅屋上，还要我们关注森林尽头本身。她暗示我们，森林和草地交汇的地方是人类理想的景观。

我们每天都在各种景观中生活，并在以下三种景观中感受自然：

森林和高山式的野生景观；

牧场和农田式的田园景观；

小城市与大都市式的城市景观。

在某种景观中生活时，我们会把自然转化成我们的居所。作为我们生活的地方，景观就像建筑：它是反映社会与文化的工艺品。显然，我们的城市就是一种人造景观，田园景观亦是如此，只不过它是将自然转化成了耕作的农场。即使是如今依然存在的野生景观也是在人类选择下才得以保持原样。

野生景观、田园景观和城市景观之间具有深刻的冲突性。当把荒野雕琢成农业景观，或把城市扩展到农田时，这种冲突就表露无疑。景观之间的冲突源于人类的实际需要和景观间象征性的联系。不同的理想构建出不同的景观。

在美国思想史上，城市这个建筑的聚集地，常常被知识分子、诗人和画家诋毁。因为他们更倾向于研究人和野生景观或是田园景观之间的关系，而对人与城市景观之间的关系不屑一顾。

19 世纪的美国绘画既反映出荒野难以置信的奇妙，也体现出人类对美好的田园生活和世外桃源的憧憬。即使是铁路这一技术、力量和进步的象征，也出现在田园景观（乔治·英尼斯的《拉克瓦纳山谷》，George Inness's *The Lackawanna Valley*）和荒野绘画（托马斯·普理查德·罗西特的《广袤荒野》，Thomas Prichard Rossiter's *Opening of the Wilderness*）的背景中。在美国思想史上，也有对上述画家们与众不同的景观理想的清晰表达，亨利·大卫·梭罗和托马斯·杰斐逊就是其中的代表。

野生景观

梭罗认为人类只有在与野生景观直接对话时才能体现出美德。他反对社会，不管它是以农业景观还是城市景观的形式存在。他说："我力挺大自然，支持绝对的自由和原始……人是大自然中的栖息者，或是大自然的重要组成部分，而不是社会的一分子。"

美国已经采取了两项战略措施来加强人与野生景观的直接联系。一项措施要求我们要保护野生环境。例如，1964 年颁布《荒野保护法案》之后，大约 1500 万英亩的土地被划入了荒野保护体系中。被划入的土地面积大小不等，小的只有 6 英亩，大的超过 100 万英亩。另外一项措施是野生景观复制计划，这项计划是在崇尚自然生活的浪漫主义运动的影响下作出的。

在美国，浪漫主义的理想首先出现在一些新墓地的建筑环境中，其中包括位于马萨诸塞州剑桥区的奥本山公墓（Mount Auburn，1831 年），靠近费城的劳雷尔山公墓（Laurel Hill，1835 年）。后来理想的浪漫主义景观形象又出现在一些新郊区的设计中，比如新泽西州纽瓦克城外的卢埃林公园（Llewellyn Park，1857 年）。这些郊区的设计反映出人们对城市景观的抵触，至今，它们对很多郊区的设计仍有影响。这些新墓地和浪漫的郊区在设计上有很多共同的特点，其中包括弯曲的街道，不规则的植被布局，以及不再基于与其他建筑或是与街道的关系，而是基于与树木和草坪的关系的建筑布局。

梭罗关于人和野生景观和谐相处的思想给建筑设计带来了很多灵感。其中一点就是将人造物体置于人类从未触及的自然景观中。位于芝加哥城外，由密斯·范德罗设计的玻璃和钢结构的范斯沃斯住宅（Farnsworth House）就是对这一想法最好的诠释。另一个想法是消除建筑内外景观之间的界限，达到人与自然相互融合的目的。弗兰克·劳埃德·赖特建于林间的流水别墅（Falling water，1936—1939）将这两种想法表达得淋漓尽致。别墅悬臂式的前部是悬空的岩石板，而后部则嵌入岩石中。

生态环保运动表达出了可持续发展的必要性，这一理念给梭罗的野生景观思想产生了新的刺激。但是这些政治运动并不是真的建议人们居住在荒野上。事实上，荒野连数量稍大的参观者群体的基本需求都无法满足，所以从生态学来讲，它根本不可能为建筑和城市提供合适的环境。

田园景观

与梭罗的理念（人的美德是在与荒野的直接对话中显现出来的）不同，杰斐逊认为创造田园景观才能培养景观内居民的政治美德。他说："在土地上劳动的人们是上帝的选民，上帝有意使这些选民的胸膛成为特别储藏他那丰富而纯真的道德的地方。"

杰斐逊对建筑环境的影响既体现在精神上又体现在实用性上。在精神上，他强调田园对人类来说是一种理想化的景观；在实用性上，他通过建立 1785 年的公共土地测量制度，在全国范围内鼓励发展网格田园。这次测量中建立的网格田园都是合理的几何形状。网格田园没有中心，恰好与中世纪景观的集群模式相反。它是民主和平等的象征，因为每个格子都大小相等。这种理想的、有组织的、连续的土地模式使杰斐逊的理想和观念在这片新兴的土地上开花结果。

其实，网格理念在美国并不新鲜。1638 年规划纽黑文（New Haven）和 1683 年规划费城的原始设计都是采取网格模式。杰斐逊将这种模式运用到了自己的理想城市杰斐逊维尔（Jeffersonville）中，并鼓励其他新兴城市也采用这种模式，首都华盛顿就是其中之一。随着西进运动，美国的城市如马赛克般一格一格地向西部扩展。美国后来的城市发展证明了杰斐逊是正确的——他曾指出这种网格模式既体现了平等精神，又极具实用性。

杰斐逊对建筑和景观与好的设计方案之间的恰当关系有着自己的理解。卸任总统后，他为弗吉尼亚大学设计了学术村（Academical Village，1819—1825），这个学术村很好地体现了他的理念。线性柱廊是这所大学主要的建筑形式（建筑界的森林），这些柱廊环绕着一个中央大草坪（景观界的草地）。

杰斐逊还把他的理念应用到了小范围的建筑和景观之中，他在弗吉尼亚蒙蒂塞洛（Monticello）为自己所建的家就是其中的一个案例。房子建在一块绿色空地的边上，四周是沿森林边缘铺设的走道。

20 世纪的时候，杰斐逊和梭罗的观点常常受到建筑师们的追捧。弗兰克·劳埃德·赖特就是一个很好的例子。正如我前面所讲，在费城森林里布置流水别墅的时候，赖特就曾带了一屋子的人与野生景观进行亲密接触，这恰好与梭罗的思想如出一辙。同时，赖特端庄的美国风建筑的设计，也表达了他对杰斐逊田园风格的热爱。

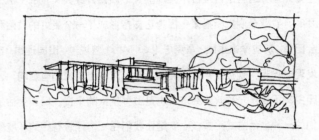

图3　威斯康星州麦迪逊的1号"美国风建筑"，是弗兰克·劳埃德·赖特设计的一系列经典房屋中最好的一套，它专为务农家庭设计，价格合理。从大草原到旷野，赖特都将建筑和周围的自然环境联系了起来。他的建筑形式旨在增强家庭的内聚力，例如住宅核心位置的壁炉，起居室的开放式设计，景观的功能透明和视觉透明。美国风建筑，由设计师弗兰德·劳埃德·赖特（1936—1937）设计。

典型的美国风住宅是使用模块化的网格结构构成的景观和建筑。（见图 3）这种景观包括草坪、凉亭、花园和树荫，俨然就是杰斐逊田园式美国理想的典范。

毫无疑问，自美国西进运动开始，田园景观就成为美好景观的主导意象，这也是自维吉尔（Virgil）之后西方经典文化的主流。在那时，农业景观更受喜爱，因为它支持形成了一个更好的政治和社会团体。历史学家里欧·马克思（Leo Marx）曾说过，田园理想"自大发现时代起，就被用来定义美国，至今对乡土想象仍有影响"。田园主义不仅是一种政治经济，也是各种景象的集合。田园生活是我们的一种生活方式，其核心就是让我们在一个理想有序的环境中自由交谈，随性思考，随心做音乐，大胆去爱。

城市景观

在殖民时期的美国，新城镇和新城市的布局都说明它们的建筑风格源于欧洲。一些城市的街道和建筑呈现出不规则的格局，这与欧洲中世纪城市的有机增长模式很相似。但也有些城市的街道呈直线型，广场呈规则的几何形状，与文艺复兴时期城市的风格十分相似。

纽约兼备这两种城市景观。华尔街（Wall Street，为纪念 1653 年的防御墙而命名）位于曼哈顿岛南端，其两旁的建筑都沿着不规则的街道排列，呈现出中世纪风格。起初，华尔街南部都是以陡峭的屋顶，尖锐的三角墙为特色的荷兰建筑，随着人们向北迁移，这些建筑逐渐被文艺复兴时期更为冷静的建筑风格取代，这一风格在当时的英国非常流行。就像建筑风格的改变一样，新景观的设计也从中世纪风格转向文艺复兴时期的风格。18世纪末，随着城市向北迁移，几何型的格局逐渐在不平坦的土地上发展起来（在美洲原住民的阿尔贡金语中，"Manhattan"［曼哈顿］指的就是多山的岛屿）。1811年，纽约委员会的官方地图为这个城市未来网格状格局的形成和发展奠定了基础。

网格结构这一想法并不新鲜。早在古罗马时期，城镇设计就采用了这种结构。到了中世纪，网格结构又被用作欧洲新城镇建设的模板，这与之前存留下来的不规则扩张模式形成了鲜明的对比。在文艺复兴时期的欧洲，几何型的网格结构成了主要的城市景观。几何——这项源自人类智慧的抽象创造，经常被人们看作是一种乌托邦式的理想（见目录前图1）。它通过房间和景观的透视图表现出来，并通过城市中笔直的街道，街道两旁统一的建筑，广场的角落或是线性的景观展现出来。网格结构既是旧城的延伸，又是新城的建筑框架。

文艺复兴时期的空间设计理念是整齐有序，美国很多新兴城市就是根据这一理念来建造的。费城就是典型的几何型规划，特色在于街道和广场这两个城市景观的要素。网格结构又被宽阔的街道（在东西和南北轴线上）分成四个相等的象限。在原点处和四个象限内通常都有一个特别设计的开放空间——公共广场。这种由街道和广场构成的网格结构自形成以来就是城市景观的空间体系，它已经成为费城中心城区形成和扩展的支架性结构。

从一开始，费城就被大家视作城区。新的移民会打包购买中心城区的一块建筑用地和一块周围的农业用地。为了构建他未来的大都市，威廉·佩恩（William Penn）建议"先确定城镇的形状，这样以后的街道就能统一地从边界朝向有水的区域"。根据佩恩建造"绿色城镇"（Greene Country Towne）的指示，费城中心城区的建设采用网格结构，地点选在宾夕法尼亚州一片森林旷野的两个河堤之间。佩恩的城市构想中包含了城市与农村相结合的思想。

城市与农村相结合的思想同样激发了园林建筑师弗雷德里克·劳·奥姆斯特德（Frederick Law Olmsted）的灵感和想象。在社会和政治理想的驱动下，奥姆斯特德创造出了很多顶尖的城市景观，比如曼哈顿的中央公园（Central Park）、布鲁克林的展望公园（Prospect Park）；都市中的大片草皮，如波士顿的芬威球场（Fenway）、绿地广场的"项链"；还有许多城市林荫大道，如位于波士顿巴克湾的联邦大道（Commonwealth Avenue in Back Bay）。在中心城区外围，奥姆斯特德还设计了很多景观形式的居住区。在芝加哥附近的滨河地带，奥姆斯特德还创建了新的郊区模式——弯曲的街道、不规则的土地和植被，整体呈现出英式传统园林的自然主义风格。

林缘生态

梭罗、杰斐逊和奥姆斯特德都曾关注过我们的文明形式，也都曾关注过人与自然和谐关系对文明形式的影响。杰斐逊田园理想主义已经得到了最广泛应用，他提出的全国土地测量制度几乎影响了美国所有的农村布局和城市结构。尽管人们对原野有着一种根深蒂固的迷恋，但我们理想中的"绿化"景观仍是农业景观。

从科学角度来看，杰斐逊的理念是以自然历史为支撑。生态学家经过对世界生态系统的研究，将其分成九大类：

1. 海洋

2. 海岸和河口

3. 沙漠

4. 冻原

5. 淡水沼泽

6. 溪流和河流

7. 湖泊和池塘

8. 草原

9. 森林

生态学和经济学告诉我们，只有在最适宜的环境中，文明才会得到最好的发展，而这个环境就在森林与草原的交接处。"时至今日，人类文明已经在原本遍布森林草原的温带地区得到了最大程度地发展……其实，人类在建设自己的栖息地时，喜欢结合草原和森林的特点，我们姑且将这一地带称之为林缘……在草原地区，人们会在房屋、城镇和农场周围种植树木……到森林地区定居时，人们会将大部分森林改造成草原和农田，但同时会在农场里和住宅区周围保留几小片原始森林……人们依赖草原获取食物，但却喜欢在森林的庇护下生活、娱乐。"我们每天都体验着林缘栖息地，它是我们设计建筑和景观的源泉。

实际上，森林、草原、溪流、河流、湖泊和池塘最初都是生态栖息地，但现在都已转化为西方文明的两大景观设计传统。

这两大园林设计传统先是在16、17世纪的意大利和法国景观园林中得到发展，后又在18、19世纪的英国景观园林中得到再度发展。两者都采用了同样的自然元素——树木、植物、草地、水体，但布局方式截然不同。尽管它们展现了自然要素的不同概念，但二者都是林缘栖息地的理想化表达。

林缘栖息地是景观设计的一个来源，因为林缘地区的自然环境为其提供了保护与产品、遮蔽与开阔、光线与阴影，以及结构与地点。林缘栖息地也是建筑设计的来源，建筑创造了空间格局，如拱廊、柱廊、画廊、列柱廊、凉廊、门廊、庭院和回廊，这些都类似于林中空地或林缘地带。

在美国建筑中，自然林缘的思想与景象无处不在。不管是建筑的内部还是外部形式，不管是哪种建筑类型，不管是公共领域还是私人领域，不管是本土建筑（基于传统惯例的建筑）还是风格迥异的建筑师的设计，自然林缘在它们的空间形式中都有所体现。

美国的国内建筑一般都有阳台与门廊这类元素，这些元素与林缘地带的环境十分相似。建筑师卡尔弗特·沃克斯（Calvert Vaux）与奥姆斯特德合作设计了纽约城内中央公园，沃克斯的建筑手册中就包含了许多阳台和门廊的图样。他说：“阳台也许是美国乡间别墅最独特的地方，它的存在无可替代。”

华盛顿的美国国会大厦是建筑体现“自然”的一个生动例子。其入口处是由柱廊组成的门廊，看去就像林缘地带，穿过门廊便是室内柱廊，这些柱廊环绕着装有天窗的圆顶大厅，就像一片林中空地。这些建筑思想有个共同的来源，那就是自然的空间形式。

自然的意义

在西方文明中，“自然”（nature）一词承载了诸多含义。其中包括两个既根本对立又相互支持的观点——规律与不规律。自然有时被视为规律性的典范，有时又因其不规律性而备受推崇。每种观点都是一个基本的隐喻，展现着各自价值体系的精髓。换言之，每种观点都体现了各自不同的文化观，及其主要人造产物（建筑、园林和城市）的不同概念。艾默生发现人类对自然的看法似乎能“决定人类所有的机构建设”。

不管在古代还是现代，当人们认为自然的成长、变化、模式和形式具有规律性时，表达规律性的概念就会受到限定。自然几何学被当作理性思维的基础运用于生活的方方面面，其中包括美学。这种观点的典型表述可能如下："对于所有理性之人而言，其作品之美必源于规律，因为美必孕育于规则与秩序之中。"

18世纪以来，大自然的不规律性备受推崇。人类对自然不规则性的感知表现在对野性、美景、粗犷、激情、原始以及浪漫的热爱中。例如，雷诺阿（Renoir）说过，艺术家应该"像自然一样前进，作为自然的虔诚学徒，要保持警惕，绝不违背自然不规则性的基本法则"。

正如"自然"一词拥有诸多含义一样，随着社会和文化的发展变化，"自然中的人"的含义也发生了变化。景观园林设计是文化最显著的物理表现之一，它是人类有意识营造的空间，表达了人类理想的自然景象。景观园林设计本身是对"天堂"的一种想象。"天堂"这个词最初是指"有围墙的花园"，虽然这个花园是由大自然中的元素构成的，但它的形式是由人类的文化、观念和价值观决定的。

景观园林的不同概念来自人类对自然的不同看法。起初，在意大利和法国文艺复兴时期的园林设计中，人们将几何设计看作是一种自然设计，是一种通过感知有序而规则的现实而进行的设计。那时，人们认为旷野的不规律性没有秩序，因此它不是自然的本质。文艺复兴时期几何型的园林就是人类的刻意抽象和对自然的理想化表达。但后来，18世纪英式园林的出现展现了对理想化自然的一种截然不同的表达。在那时的英式园林中，自然被看作是曲线的，而非直线的，是有机的，而非几何的。

　　无论是意大利和法国的园林传统，还是英国的园林传统，都把田园理想用作景观形式的基础。这两种传统都力求在景观中体现"林缘"思想。

建筑的任务是功能与表达

保护

日常生活能离得了建筑吗？

不能，原因有二。

首先，作为人类动物，我们必须保护自己的躯体免遭恶劣环境的伤害，这样我们才能独立生活。

其次，作为社会动物，我们必须在周围环境中创造庇护所，这样我们才能群居生活。

　　第一个堪称伟大的思想是：生活通过与某一环境的互动在这个环境中进行，但它又不局限于这个环境，而只是基于这个环境。

　　　　　　　　　　——约翰·杜威，《艺术即经验》

人的特征决定了建筑的特征。倘若人类是另一副躯体，那我们的建筑乃至城市也会大不相同。

我们拥有一副庞大的身躯，身形直立、左右对称、前后不同。我们是两足动物，双腿可以支撑我们前进，但不易推动我们倒退或侧身；我们的双眼朝前而视，这样能更好地进行远距离观察，但不易进行精细的观察；我们的双手长有可以抓握的手指。人类生来赤身裸体，在炎热或寒冷的环境下其实并不需要靠保护层来维持生存，但我们的生物体自身还是需要衣物和建筑物来遮蔽。

人类生来就没有皮毛遮躯。我们能从身体内部获取温暖，保持温度，但却容易受到外部严寒与炙热的影响。我们的身体需要一种舒适的温热度，因此我们要建造房屋。要在建筑中住得舒服，我们必须做到两件事情。首先，我们必须控制流通在周围的空气的温度；其次，我们必须控制照射在身上的冷热辐射。

我不能再等待了／宝贝，外面天寒地冻

我必须要走了／宝贝，外面寒风彻骨

今夜已经／已经期盼太久

非常愉快／我想握紧你冰冷的小手

我妈妈会开始担心／宝贝，不要着急

我爸爸会开始踱步／你听这壁炉作响

我不能再等待了／宝贝，放下矜持

啊，外面天寒地冻

——《宝贝，外面天寒地冻》

（由弗兰克·勒瑟尔演绎的二重唱，1944 年）

我们用不同的方式建造房屋，以此来控制空气温度和辐射温度。为了拥有舒适的环境，我们将建筑物围合起来，隔绝室外的空气，再将建筑物里面的空气加热或冷却，然后我们就可以沉浸其中了。窗户是墙上开的口，是我们用来选择环境温度最简易的装置。进一步讲，"窗户"（window）这个词源自斯堪的纳维亚语，最初就是风和眼的组合（wind+eye）。我们不仅能透过窗户看世界，还能享受扶窗而入的微风，感受窗户为我们带来的舒适与愉悦。

在冰冷的外界环境中，我们的身体会迅速失掉热量，而在太阳下或在地热甚烈的街道上，我们的身体又会迅速吸收热量。为了获取舒适的辐射，我们会用飞檐、活动的百叶窗和窗帘来保护窗户，并通过百叶窗和窗帘的开合控制辐射。在室内，我们会围着壁炉的炉膛，享受辐射带来的愉悦。

其他动物有厚实的皮毛作为保护盾，但人类不同，人类的皮肤很薄。我们建造墙壁和屋顶，让它们作为我们外在的保护罩，保护身体免遭石头、子弹或者入侵者，比如窃贼和病毒的威胁。我们希望建筑物能给我们选择的权利，让我们能有所接纳，有所拒绝。我们之所以建造建筑物，就是因为我们的身体需要实体保护。

建筑是人体的"第三层皮肤。"覆盖全身的皮肤是我们与生俱来的标准设备，后来，我们又选择了服饰（如帽子、手套、毛衣等）

这种可选设备，来满足气候和场合的需要。服饰是人体的"第二层皮肤"。

服饰

服饰同建筑一样，同时具备功能和表达两种作用。功能上，服饰将我们与外部环境隔离开来。当我们走出建筑物或回到建筑物中时，我们会适当添减衣物。相反，为了在炎热的环境中过得舒服点，我们会拣薄面料的衣物穿或者干脆少穿。

服饰的作用是保护我们免受伤害。我们会戴上头盔骑自行车，会戴上宽檐的帽子来防晒，有时甚至还会穿上防弹背心。

如果我们的衣服只是有些特定功能，那为什么在同样的天气下、同样的场合中，我们的"第二层皮肤"会有这么大的差异？答案显而易见。身上的服饰还是对场合的表达，它能传递信息，告诉人们这是什么场合，所穿之人是什么身份。

类似于19世纪铸铁工业区的统间式建筑，有些服装是为了适应多种场合。例如，一些具有象征意义的制服，像灰色法兰绒西装和黑色小礼服，二者适用于各种不同场合，尤其是某些都市场合，又如蓝色牛仔裤，它十分通用，几乎适用于任何时间、任何场合。

有些服装经过专门的设计，用以满足某些特定的性能要求。例如，外科医生进入医院手术室时必须穿上手术服作防护。在医院文化中，绿色手术服能够展现出穿戴者的状态。手术服的设计体现了服饰的功能性，但手术服的颜色（绿色）则体现了服饰的表达性，它传达了这样一则信息：穿戴者已经完成术前的彻底清洗，即将执行一项高技能的任务。

帽子

戴在头上的帽子也同建筑一样，同时具备功能和表达两种作用。遮在头顶的帽子就像身体的"穹顶"一样。帽子种类繁多，有鸭舌帽、浅顶软呢帽、圆顶礼帽、草帽、头盔、安全帽、兜帽等。帽子将头部与外界隔开，为头部创造了一个舒适的内部空间（温暖舒适、凉爽透风）。帽子还会传达一些有关场合、地点及佩戴者的信息。例如，教堂里红衣主教佩戴的红色帽子，公路上建筑工人佩戴的黄色安全帽，环法自行车赛参赛选手头戴的艳丽头盔，加州海滩上水肺潜水员头戴的头盔。这些帽子传达的都是"当代"的信息，但也有些帽子传达的是"过去"的信息。例如，阵亡将士纪念日退伍军人佩戴的帽子，大学聚会时众人佩戴的学位帽，费城队在世界职业棒球大赛（World Series）中佩戴的棒球帽。帽子既能唤起我们对旧时的记忆，也能体现对当下的表达。所以说，人们把过时的事物视为"旧帽子"也就不足为奇了。

细想一下，帽子也给了我们很多线索，告诉我们建筑为何重要。尽管帽子和建筑同样都是遮蔽物，但它们之间有个本质区别：一项帽子每次只能为一人所用。虽然我们把打算同时做两件事的人称作是"戴着两顶帽子"的人，但是两个人是不能同时戴一顶帽子的。帽子不是个集会场所。

外套

外套和帽子一样，同时具备功能和表达两种作用。它就像一顶便携式帐篷，保护着人体，为我们带来欢乐和舒适。

外套得名于中世纪的"甲胄"，用金属环织就的甲胄十分坚硬，足以抵挡削铁如泥的宝剑和大刀，还能防止毒蛇咬伤。布制"风衣"源于第一次世界大战战壕里的士兵；厚羊绒"粗呢外套"是两次世界大战中英国海军的"舰队服"；"厚大衣"是一种豪华的布制外套，外有短斗篷，当时只有欧洲帝国的军官和政治领导人才有资格穿；而布制"短外套"是一种便装短大衣，它诞生于 20 世纪的郊区生活方式。不管哪种外套都有自己的含义，而其含义都源自其用途。从这方面来讲，外套与建筑十分相像。

我们身处的物理环境要求外套具备遮蔽的功能，而我们的社会与文化又为外套的功能表达提供了舞台。外套可以表明我们的身份，还可以解释我们的行为。外套最有用的部件（如纽扣、扣眼、衣袖和衣领）极有可能要经过一番装饰，以表达穿戴者和活动。

外套和建筑还有一个共同之处：它们往往因材质而得名，如皮大衣、布大衣、罗登呢大衣、木屋、琉璃塔、金属棚。

然而，作为一种社会形式，外套与建筑物又有本质上的不同。

一件外套每次只能庇护一人；而一栋建筑能同时容纳多人，还能同时进行多种活动。若要生活在群体中、生活在社会中，我们就要建造房屋，并根据喜好创造建筑，让建筑发挥"第三层皮肤"的功能。

聚集地

建筑是我们的"第三层皮肤"。

穿上"第二层皮肤"——衣服，我们就能作为个体独立生活。衣服不能像覆盖物一样可以让大家共享，但少数情况除外，比如说足球比赛中使用的雨披。但是，当我们想要聚在各个群体中，想要在社会中共同生活时，我们需要更外层的遮蔽物，也就是我们的"第三层皮肤"。我们是社会性动物，需要社会提供各种庇护，房屋就承担起这项任务。倘若这些房屋在为我们提供庇护之外，同时变得可共享、变得具备功能和表达两种作用，这时它们就成了建筑。建筑是我们聚集的场所。

空间和地点

我们都生活在空间里，这里所说的空间是自然空间，是我们日常生活的连续空间，是一直与我们相伴、与我们同在的空间。它没有边缘和界限，也没有核心和中心。它有的是黑暗与光明，炎热与寒冷，上部与下部（但它一直是无限的空间）。该空间不是具体化的，也并未创造出什么"地方感",它是我们的普遍空间。

我们同时生活在具体空间中,这里所说的空间是建筑空间。它既涉及此时此处的世界,又关乎那些被铭记的过去。它是一些带有"独特感"的地方的集合。

没有人生活在泛泛的世界之中,每个人,即使是那些惨遭放逐、流浪在外、失散多年、甚至漂泊终生的人,都生活在世界某个特定而有限的空间中。——《周围的世界》

——克利福德·格尔茨,《地方感》

个人空间

个人空间就像是围绕在我们身体周围的无形"泡泡"。它一直与我们同在,影响着我们在生活环境中所做的一切、所建的一切,影响着房间的大小与形状,甚至影响着家具的安放与布置。

我们个人"泡泡"的大小是可预测的,我们手头的事情以及合作的对象都会对其产生影响。心理学家已经认识到,这是一种基本的"领地"概念。

同之前一样,个人空间由我们自身控制,同时又受人尊敬或被人侵略。例如,纽约交通管理局(New York Transit Authority)需要预测新型地铁车厢能容纳多少乘客,从经验中得知,每一个站立的人都需要与陌生人保持一个"零接触区"(3.0平方英尺的空间)。

虽然这个空间比人在雨天撑伞走在人行道上所占的空间（5.0平方英尺）还小，但比站在拥挤的电梯中所需要的最小舒适空间（1.5平方尺）要大。地铁车厢内部或电梯内部的例子显然有点极端，但我们所有的建筑空间也都是出于同样的考虑：在处理与他人的关系，与其他事物的关系，或是与我们所创造的周围环境的关系时，我们该如何为自己定位？

共享空间

建筑所创造的地方中，有的会激励人们的聚集愿望，有的则会打消人们的聚集念头。

有些地方极具向心力。它们会凝聚人群，让人们不愿离开。这就产生了社会关系。当它们的设计目的是基于形成社会群体时，我们身上就会产生一些社会特点，如我们会喜欢待在家中的客厅里，喜欢聚在宿舍的休息室里，或者去某个公共广场。

相反，有些地方又极具离心力。它们会分散人群，妨碍社交互动。这些地方让我们很难与他人进行愉快的交流。这种情况经常发生，如在地铁站、巴士总站、机场的走廊和休息室中。在一些快餐店里，我们甚至也会有意回避交流与互动。

要预测我们在建筑物中的社会行为一点不难，因为建筑物为我们的活动提供了舞台。我们希望房屋能为我们的活动创设环境，而我们也经常根据这些活动对房屋进行命名，例如：餐厅、书房、浴室、休息室、阅览室、会议室。有时，我们的活动是根据它们经常发生的地点来命名的。例如，我们把在立法机构游说集团 (lobby) 工作的人称作 "说客" (lobbyists)，把他们的活动称作 "游说" (lobbying)。"银行" (bank) （词源上是 "bench"）是我们存钱的地方，因为起初我们要穿过像长凳 (bench) 一样的柜台才能把钱交给银行的员工。

我们根据自己想做的事定位自己在空间中的位置，某些活动只有在时间和地点上高度结构化才能发挥最好的效果。我们创造了一个 "各个地方都有名字的社会"，这些地点围绕着固定的设施，如教堂里的圣坛，餐厅里的吧台，酒店大堂的接待处以及家里的壁炉炉膛。

家里的厨房和浴室都有固定的设备，但我们的日常活动大都使用可移动的设备，比如椅子、沙发、办公桌和餐桌，这些设备都可以根据我们自身的喜好重新布置。

我们根据不同的需要来摆放桌边的椅子，比如，聊天时，我们通常坐在桌角的不同侧；合作时，我们通常比肩坐在桌子的一侧；辩论时，我们可能要面对面坐在桌子的两侧。如果房间中既有人，又有家具和设备，那它所表达的就不止工作机能这么简单了。这时，主客关系，亲疏关系，地位和角色，等级和权力都会在房间中表露出来。在和平会议上，因桌子的形状而引发的纠纷屡见不鲜，因为形状表达的可不只是功能那么简单。

对群体互动来说，房间里的家具和设备以及房间的空间形式都至关重要。例如，在地面平整的房间内举行社区会议，会议往往会有更多互动，而在地面倾斜、设有演讲者讲台的房间内举行会议，会议在本质上就会变得富有条理和组织性。

建筑是一个启动机制。它并不能决定我们做什么，但它确实能使一些事情成为可能，有时还会使可能性加大。人们在有建筑的地方的实际表现能印证以上观点。例如，在两个不同形式的地方（一个沿着一条线，一个围着一个中心），社会行为会以完全不同的方式受到影响。

直线和中心

线型地点激励了两种群体经历。走在线型路线上，如办公楼和宿舍楼的走廊，街上的人行道，甚至是购物商场里的画廊，我们迎面相视，路过彼此，也许会打个招呼，也许会产生共享一个地方的感觉。

线型路线还能让我们并肩而行。列队游行非常有趣，而沿着林荫大道散步也是乐趣多多。无论是从教堂的走道穿过，还是从学校的礼堂鱼贯而出，我们都会因这种共享的经历而萌发出一种社区意识。

中心型地点和线型路线既是社会形式，又是建筑形式。它们源于自然——人类动物的导航系统。它们已经演变成人类栖息地的功能结构和表达结构。中心型地点天生适合集会，而线性路线天生适合移动。从小规模的房子到大规模的城市，从房间到区域，我们都能体验到中心型地点和线型路线。

在神圣的地方，中心型和线型两种形式之间的对比最为明显。通往祭坛的列队仪式在线型形式中进行，而围绕祭坛的集合仪式则在中心型形式中进行。这些空间形式都是根据仪式交流的不同形式构建的。

群体以一种"交流"的方式生活，即与他们构建的空间环境进行交流。

社会与自然

建筑同时根植于社会和物理之中。建筑的一切都需要体验，需要理解。例如，历史上，欧洲中世纪的"教堂"（church）最初指的是人，但后来也开始指人们的集会地点。它的社会形式出现于物理形式之前，在社会形式的名字出现后，物理形式也跟着使用了同样的名字。

空间就是一个各个地方都有名字的社会。
——克劳德·列维－斯特劳斯，《原始思维》

体现

建筑是社会形式的物理形式。它体现的是一个社会机构，如教堂、学校、公司、政府、家庭。

我们生活在各种社会机构中，而且我们从经验中得知，每种机构都有自己的组织和预期行为模式。机构的活动是按照时间和空间安排的。在家里，我们在餐厅招呼大家吃饭，在孩子的卧室提醒他们睡觉。这里我们谈及的就是场合和地点。

社会机构和它的物理地点之间有着密切的联系，这种联系清楚地体现在我们的语言当中，如办公大楼、法院大楼、俱乐部会所、州议会大厦。有时，一个词既代表一个机构又代表一个建筑，如教堂、学校、商店。我们思维和图像在脑海中互相交织。

> 根本上来说，人类思想既是社会的又是公众的……人类思想的自然栖息地就是庭院、市场和广场。
>
> ——克利福德·格尔茨，《文化的解释》

仪式

建筑是机构的启动机制，它使得人类能够开展各种仪式。不管是宗教仪式（在神圣的地方）还是世俗仪式（在世俗的地方），建筑都为其提供了活动舞台。建筑可能是高度结构化的，比如在教堂或刑事法庭，其空间的规划、设备的摆放以及人员的位置和移动都由机构的仪式决定。建筑也可能只是一个可共享的公共场所，例如，在共享的地方一起吃饭是社会机构的主要仪式之一，这些机构多种多样，如家（在厨房或餐厅）、大学（在大学生中心）、社区（在附近的酒吧或咖啡馆）。

迈入教堂或进入餐馆的仪式可能只是一个简单的活动，但它的表达却是一个复杂的问题。入口处可以对室内所进行的活动的地位和作用给出信息。我们可以通过观察门槛"解读"机构，例如，商业办公楼的小玻璃门，教堂的镶木门，州议会大门的圆柱和花岗岩框架，餐馆的帆布篷门。事实上，建筑的乐趣之一就是它的入口处，它就像是一台音乐剧的序曲，表达了人们对建筑内事物的期待。

固定模式

为了给仪式创设环境，建筑提供了固定的模式。例如，应该把教堂里的祭坛安放在哪？是应把它放到教堂的尽头，当作透视空间的焦点，还是应把它放在教堂的中心，当作周围空间的焦点？这两种选择代表开展仪式的不同方式，有时代表不同的宗教机构。

庭院是众多机构的固定模式，如大学（方形庭院）、修道院（回廊）、宾馆（中庭）、宫殿（皇家宫廷）。庭院发挥着中心舞台的作用，并象征着机构的自身形象。

与庭院对应的城市形式是公共广场（如旧金山的联合广场，Union Square in San Francisco），或住宅区内的居民广场（如费城的利顿豪斯广场，Rittenhouse Square in Philadelphia），它们都是城市建筑中的固定模式。

显然，住宅是属于家庭的建筑。如果一栋典型的单一家庭住宅能像手套一样适合居住者，那它在房间的组合方面一定是经过了高度专业化的设计。住房内的每个房间、每个布置，如客厅、饭厅、厨房、浴室、卧室，都会让人想起它们自己的角色和形象。在家庭生活中，独处（待在自己的房间里）和共处（围在餐桌、壁炉、电视周围）相互作用，从而酝酿出住宅设计。社会结构和物理结构就是这样相互交织在一起。

政治也在建筑中有所体现。城堡、宫殿、国会大厦、总统府邸、议会大厦、法院、市政厅，甚至联合国总部，都体现出它们在政府管理中的角色。有些甚至已经发展成一种独特形式，使社会更易理解它们的运作。美国的国会大厦形象地表现了美国国会两院，特别是它的中央穹顶，表现了政府统治下的社会统一，这使它成为全国各州议会大厦的模范。

不管是教堂还是住宅，不管是州议会大厦还是庭院，这些建筑都是人们聚会的场所，都是人们共同活动的地方。

维持

建筑环境包括建筑物、景观和城市，它就像一个重写本绘画，最初并不是一块空白的画布。建筑地点在建筑之前就已存在，而自然在它成为建筑地点之前就已存在。我们都是在重写本上进行再建造。

建筑环境与挂在墙上的图画、立在广场上的雕塑等艺术作品有着本质的不同。艺术作品一经完成就无需再进行什么发展或提高了。它就是"它"，没必要因为社会和趋势的变化再对其添添加加。

然而，建筑环境却一直在变。随着社会的发展，建筑环境不断发展变化，建筑也会随之发生改变。必要时，如果某个社会机构要扩建，或是某个街道、小区、地区，甚至整座城市要改建，建筑都要随之改变。这时，我们就会考虑是要对建筑物加以改进，还是要维持建筑的原貌。

人们以不同的方式将改进和维持相结合。改进是一个线性过程，是在规定的范围内改善建筑的过程；而维持则是一个周期性无限循环的过程，是对建筑反复进行复原的过程。

家居装修

随着家居装修和城市改建的进行，建筑环境时刻都在发生变

37

化，并不断改进。

家居装修不只是一项经济活动，还是一种生活方式，并且它已被流行文化所接纳。1991 年，电视情景喜剧《家庭改建计划》(*Home Improvement*) 首次播出，自 1979 年以来，纪录片《老房子》(*Old House*) 深受观众喜爱。据报道，大部分房主都会对家庭环境进行维护和改善。像家得宝 (Home Depot) 这类商店则专门销售家居装修所需材料和工具，它们还开办课程，向顾客传授家居装修知识。

家居装修是当下的建筑用语，针对于此时此地的建筑。它对建筑环境的影响巨大，而且这种影响日益增加。

城市改建

一旦城市、小区、街道或社会机构发生变化，城市建筑就要进行改建。这种变动可能是由技术、社会、文化和环境的不断变化引起的，比如19 世纪纽约的快速现代化，又如当今上海的快速现代化。也可能是由灾难引起的，如 17 世纪发生在伦敦的大火灾，19 世纪发生在芝加哥的大火灾，卡特里娜飓风 (Hurricane Katrina) 以及日本近期发生的地震和海啸。

新名词"民用建筑" (civil architecture) 应当用于公民社会所需要的建筑。在拿破仑时代，人们将土木工程从古代军事工程实践中分离出来，我们现在也应该知道民用建筑的定义、用途及适用范围。

民用建筑可应用于社会领域。它需要与工程学、自然科学、人文科学和社会科学协同实践。民用建筑的目的是城市改建，该目的根植于美国公民的思想和实践，从 18 世纪本杰明·富兰克林发起的启蒙运动，到 20 世纪约翰·杜威提倡的实用主义，都是该目的的来源。富兰克林提倡良好的习惯，这样才能"确保个人的幸福和成功，同时使人获得改善城市的能力，为城市的改建作出贡献"。

如今，城市改建在规划设计和公共政策之间建立了直接的联系。下面是来自多伦多市网站的一个声明，该声明为城市改建项目确定了三个主题：

1. 地址——"地址"是其中一个项目主题，由在公共领域设置户外空间和独特地点的可能性决定……

2. 路线——"路线"是其中一个项目主题，重点集中在设计改善城市道路系统的主要元素的可能性上。

3. 地区——"地区"是一个综合的项目主题，由相互联系、相互影响的区域和社区构成。

实施

项目实施就是要让建筑派上用场。房间能让你看到和听到正在发生的事情吗？入口能指引你进入，并告知你要去哪儿吗？墙壁能遮挡风雨吗？我们能住在那里吗？建筑在以上各方面都具有实用价值。

建筑性能因文化而异。如何保护人体，如何提供舒适的环境，如何保护个人隐私，在这些问题上，不同的文化会作出不同的选择。日本古代的房屋建筑都灵活地将内部环境和外部环境分开，分割部分的框架由轻质的可滑动条板构成，并糊以半透明的白色纸张。与此相反，西方古代的房屋建筑都建有坚实的围墙，由石头、砖瓦、木头或金属砌成，还有可辨识的窗户和门作为内部环境和外部环境之间的过滤器。

结果

因为建筑对我们的生活（个人生活、群居生活或者社会生活）来说是一个启动机制。它使我们能够保护自己，能够群居生活，还能为我们的社会机构提供场所。这样的结果为实现建筑实用价值的"可能性"提供了论据。

另一方面，建筑物能使我们感到舒适，它让我们感到温暖或凉爽，安全并可靠。通过它，我们有可能看到、遇到其他人，如果发生火灾，我们也能够找到逃生的出路。建筑这种具有可能性的结果论证了建筑的性能价值。

如果把"概然论者"（probabilist）的说法发挥到极致，建筑将变成一种环境决定论。那样的话，建筑就能决定我们的行为和做法。而像高度设防监狱这样的建筑，显然需要我们在其性能问题上做绝对的概然论者。不过幸运的是，大部分生活及大部分建筑都会更多地关注可能性而非绝对性。我们希望拥有自己的选择。

选择

选择是设计的精髓。设计房间、大门或者建筑的过程是个不断作出选择的过程。我们会考虑成本和收益，也会参考自己的好恶情绪。这些选择需要加以协调，它们表达了社会科学家或政治哲学家口中的我们的"加权偏好"。选择是政治和经济的精髓，同时也是设计的精髓。

哲学的各个领域都会对我们的设计活动产生影响，例如，美学关注的是美丽和愉悦，认识论关注的是知识，逻辑关注的是秩序和结构，道德哲学（伦理学）则决定了我们的行为对错。

作为一种政治行为，建筑的核心问题就是好坏对错问题。我们能否拥有促进学习的校舍、支持医保的医院以及培育社区意识的社区？启迪、支持和培养，这些都是建筑的性能要求。建筑就是一个启动机制。

表达

建筑具有表现力。它超越了个人、团体和机构对服务功能的需要，表达出（它显示、传达、展示、代表、表示、显露）事实和感受，地点和场合，现实和理想。

事实

建筑可以表达建筑本身的事实，比如，使建筑保持直立的结构系统，它既解决了重力的垂直力问题，又承受住了水平风力。很多实际结构，比如横梁和立柱构成的骨架，以及由拱肋和拱门构成的拱形结构，也都可以在建筑中生动地表现出来。在罗马式建筑和哥特式建筑中，拱形石材结构及其空间和光线的表达，创造出了"上帝的房子"。

另一方面，建筑无需表现出它的一切。它可以隐藏一些事实，不用把它们表现出来，这是创造建筑形式时要做的选择。例如，建筑物可以只展示实际结构的形象，并不需要将其真正表现出来。在意大利文艺复兴时期和英国乔治亚风格的建筑中，人们把古典梁柱上的雕塑运用在了墙壁上，它们不是建筑物的实际结构，只是一种理想化结构的表达。

建筑不仅体现社会机构，它还表现自身事实。建筑是什么？它是一幢房子，一所大学，还是一家工厂？它是如何组建的？又是如何发挥作用的？此外，建筑物不仅能表达社会机构的功能，还能表达建筑本身的精神，比如，法院的秩序井然，宗教场所的庄严肃穆，度假酒店的亲切友善以及电影院的欢欣愉悦。我们解读建筑，不仅要看表面事实，还要读懂人类情感在建筑中的表达。

情怀

哲学家苏珊·朗格（Suzanne Langer）说，如果建筑创造的形式能够表达人类的情感，那建筑就近似艺术了。

音乐的表现力超越音符。音乐可以表达不同的情绪，作曲家经常会制定一种表情记号（演唱者需要表达的一个符号或者一个词语），并把它作为乐谱的一部分，以此指导演唱者。

在剧院里，剧作家往往会明确交代演员应表达何种情绪。有的作者可能会要求"不表达任何情绪的安静的声音"，有的作者也可能指定"表达怒气冲天的情绪"。作者可以超越剧本语言来指定要表达的情绪，以此指导演员。

建筑的使用者类似于音乐的演唱者和剧院的演员。有时，建筑性能是由法律规定的书面信息或图形信息表达出来的，这些信息对某些行为作出规定，就像"安全出口"的指示牌一样。但日常功能性能的表达，像"进入""集合"，则是由建筑空间的设计引导。功能的表达是建筑最初的表达。音乐的表达超越音符，建筑的情感表达也超越其功能。

建筑的情感表达依赖于包含在建筑里的符号信息，例如建筑的空间、结构、颜色、质地、材料以及经验组织。不像有表情记号的音乐创作，建筑构图不需要在墙上添加文字标识来阐述它要表达的感情。我们不需要树立"感觉友好"或"和谐"这一类的标语。我们的情感表达符号蕴藏在设计之中。

因为这些符号来源于日常生活的各种体验中，所以建筑的情感表达既变化多端，又丰富多彩。这就是为什么我们喜欢在城市里散步，喜欢欣赏周围的建筑，喜欢从功能方面理解它们，又从情感方面感受它们。它们或让我们安慰或让我们惊恐，或文明或野蛮，或精致或粗糙，或高尚或轻浮，或和谐或冲突，或压抑或刺激，或令人平静或令人震惊。

材料和结构

建筑表达来源于建筑结构。建筑材料自然也具有表达力，例如，从情感上说，用砖块和石头砌成的墙要比用钢架和玻璃制成的墙更加"温暖"。这里有个很好的理由：砖和石头是热的不良导体，所以接触起来更温暖，与钢架和玻璃相比，它们可以较慢地吸走手上的热量，因此，我们会体验到一种相对温暖的感觉。在我们的经历中，功能和表达有着紧密的联系。

其他地方和其他时间

面对一栋建筑，不管它是简单还是复杂，我们都会超越建筑本身联想到其他事物。人们可能会说，"这看起来像牛津"，而实际上这只是新泽西州的一个小镇，或者"这看起来像一片森林"，而实际上这只是一座教堂的内部。我们总是把看到的事物跟其他事物联系起来，比如其他时间、其他地点、其他人物、其他机构，甚至会跟自然本身联系起来。我们喜欢通过想象建立事物之间的联系，这可以帮助我们处理手头事情，丰富我们的理解。

有时，如果一个社会机构的建筑想要使人产生联想，那么参照另一时期的建筑风格就显得非常重要。例如，很多美国高校都采用"学院哥特式"的建筑语言，因为它们试图与牛津大学和剑桥大学的中世纪起源建立联系，至少在我们的想象中建立这样一种联系。

通过参照不同时期的建筑，一些美国高校力图与古希腊罗马时代建立联系。建筑学家也刻意利用古典风格来与艺术和人文学科中的"经典"创建联系。

在为刚刚建立的弗吉尼亚大学设计校园时，托马斯·杰斐逊采用了古典的建筑语言。实际上，他建议包括大学在内的所有公共机构都采用古罗马建筑风格，因为在他看来，古罗马建筑既是对美国新时期民主的适当表达，又是对古典时代民主的直接参照。

人体

有时，建筑指的就是我们一直了解并体验的东西，也就是我们的身体。

为了构建人类可以理解的空间，我们把人体当作秩序和度量的模型。我们不是把这个模型当作一个纯粹的抽象体，也不是把它当作身体的如实呈现。相反，它是数学家亨利·庞加莱（Henri Poincare）"直觉几何"的一个源头。这一模型是我们对自己身体构造的理解：我们的身体由可认知的多个部分构成，它围绕着一条垂直轴线构造，有时是左右对称，但绝非上下对称，而且跟建筑物一样，我们的身体也分前后。

社会机构

社会机构用建筑形式来表达自己的地位、作用和权力。其中特别有趣的部分是穹顶和塔楼。

自从古罗马建造了万神殿，穹顶就成了我们最宏伟的建筑形式。当今世界，最为强大的机构有时也采用这一建筑形式来表达，如圣保罗大教堂的穹顶和伦敦的英国大教堂，采用的是宗教的建筑形式；与之相似的是华盛顿的美国国会大厦的穹顶，采用的是世俗的建筑形式。

同穹顶一样，塔楼可以是世俗的，也可以是宗教的。在早期的曼哈顿，新兴大都市有两个最生动的表达，一个是三一教堂的宗教塔楼，一个是伍尔沃斯大厦的世俗塔楼。

同为政治的表达形式，塔楼和穹顶相互竞争，如伦敦的议会大厦、费城的市政厅大厦、休伊·朗在美国路易斯安那州的州议会大厦。塔楼能表示企业实力和性格，比如麦科米克上校的芝加哥论坛报大厦就是非常出众的建筑。

建筑是机构对当下资源的一种投资，也是未来发展的工具。例如某个大学或公司计划建设新的研究实验室，这样的决定就表明了其未来的战略规划。同样，建设保障性住房和社区设施的举措，也显示出社会的当务之急。作为一种资源利用方式，代表机构的建筑体现了它们的经济价值和社会价值。要了解社会机构，先读懂它们的建筑。

理想

有时，建筑表达的是一种理想，一种像山一样理想的自然景观，或是黄金年代的一个理想机构，或是一个理想的宇宙，或是一个理想的几何形状。

穹顶是对苍穹的一种建筑想象，垂直的高塔标志着地球的轴线，它们都体现了宇宙的理想秩序。另一方面，黄金时代的理想社会大不相同，它关乎我们的选择和诠释。根据对理想化的中世纪社会的理解，我们把一些市政厅有意布置成哥特式风格，而根据对根植于希腊罗马的理想化民主的理解，我们把其他市政厅布置成古典风格。

建筑有时看起来是指向未来的黄金时代。在现代主义的发展中，有许多积极乐观的建筑师，如路易斯·沙利文（1856—1924），他寻求的是民主建筑，而沃尔特·格罗皮乌斯（1883—1969）寻求的则是现代工业社会的建筑。

建筑的遗产是形式

体验形式

　　建筑并非自主的。它一定处于某个环境、某个场所、某个地点中，而我们实际上就是在这些环境、场所、地点中来体验建筑。

　　走进建筑之前，我们体验的是建筑整体。我们把它当作是一个整体，像看雕塑一样来环视它的轮廓和外形，观察它的实体和空间，审视它的组织构造、整体造型和各组成部分。

　　站在建筑旁边，我们体验的是建筑外观。建筑的外观就像一种布料，或彩色、或深色、或浅色，或质地光滑、或纹理粗糙，或透明、或不透明。我们把它当作是一个平面构造，像看素描或油画一样端详它的外观。

　　进入建筑内部，我们体验的是建筑空间。建筑就像是一个瓶子，而我们就好像在这个瓶子中体验空间。凡是内部空间都有外部形状，凡是建筑都有内部空间。建筑空间为人创造出了一种地方感。

穿梭于建筑空间内部，我们体验的是建筑移动。我们在一系列"已命名的地点"依次驻足。我们上楼下楼，从一个地方穿梭到另一个地方，不断移动。

结构形式

我们可以将形式理解为形状，但形状只是一种外部形式或外部界线。例如，虽然湖泊具有形状，但它没有结构。当形状同时拥有内部结构和内部组织时，它就有了形式。

建筑"结构"有两层含义：一是指建筑材料和建筑方法，二是指各组建部分的布局。

现在，建筑结构的概念不只适用于建筑领域。例如，《金融时报》上刊登了这样一则消息：某家公司正在重整内部结构，此处的"结构"并不是指建筑的实体结构，即公司的建筑群，而是指建筑的组织结构，即公司的部门、产品与服务。

实体结构和组织结构可以构成建筑的"总括"意义，正如维特鲁威在公元前1世纪于《建筑十书》一书的第一卷第二章中所提出的"建筑的基本原则"一样。

建筑取决于：

秩序感，

布局感，

和谐感，

对称性，

恰当性，

简约性。

在建筑方面，测试结构形式就是测试结构性能——结构能否发挥作用？例如，建筑结构能否稳固地支撑起墙壁和屋顶，组织结构能否将人与工作有效地联系起来？

有时，建筑会刻意在实体结构和组织结构两种意义之间创造一种"紧身"效果。例如，典型的哥特式教堂都有线形设计和拱形空间——中殿、侧廊、耳堂和凹殿，这些都体现出列队游行的宗教礼仪。同样，由弗兰克·劳埃德·赖特设计的典型的美国风住宅都有一个衔接式的私人卧室翼和一个与之截然不同的通畅式客厅（或餐厅、厨房、壁炉），体现出开放式的家庭生活。

有时，建筑会刻意创造一种"松身"效果而不是紧身效果，以便以后能够进行改建。例如，早期工业区典型的高层建筑物有着固定的特征：电梯和楼梯都沿侧墙而设，通向开放式的顶楼。同样，像巴黎的蓬皮杜艺术中心（Centre Pompidou）这样的当代艺术博物馆，都会设有大模块的开放空间，而非旧时相互衔接的系列"陈列室画廊"，这些大模块的开放空间可以根据需要随时划分。

社会形式

家、政府、教会、学校、市场和工作场所都是社会机构。人们按照预期的行为模式将这些社会机构组建在规划好的地方。它们既是社会形式，又是物理形式。

家人住在一个叫"家"的地方，教堂代表了社会的宗教机构，学校代表了社会的教育机构，政府大厅代表了政府机构。

政治是社会中最富表现力的活动，而如我们所见，建筑形式可以体现政治权力，例如：市政厅，州议会大厦，英国的国会大厦，法国的下议院大楼以及美国国会大厦的穹顶。古典庙宇式的两院（参议院和众议院）分别位于中央穹顶两侧，体现出美国国会所实行的两院制。相比之下，内布拉斯加州（Nebraska）州议会的形式就大不相同，由于该州采取的是一院制，所以其议会大厦就是一座单独的塔楼。

建筑的任务就是将功能和表达相结合。

透明

在我们这个时代，人们总喜欢透明。

我们希望我们的政府公开，民主，透明；希望我们的企业公平，诚实，透明；希望我们的公共机构易沟通理解，有问必答，公开透明。

这样看来，我们力图在建筑中表现透明也就不足为奇了。例如，应邀参加美国驻伦敦新使馆设计大赛的建筑师接到国务院的通知：艰巨的挑战在于体现出我们民主制度的核心理念——透明，公开，平等。

洛杉矶警察局"把钥匙移交新总部时……[警长]布拉顿(Bratton)发言称，总部大楼面积达50万平方英尺，大楼外侧的玻璃幕墙代表了21世纪的洛城新警署，尽管警署此前一度反对公众监督，但21世纪将是一个透明的时代"。这里，布拉顿警长力图将大楼的玻璃幕墙与警署的组织透明建立直接的联系。遗憾的是，建筑在白天完全不透明；玻璃幕墙就像一面镜子，只会反光，而非透明。买者自负：欲购买的市民谨慎购买。

相比之下，纽约第五大道苹果旗舰店的设计与构造才真正实现了乌托邦的透明理想。（见图4）它的整座建筑都是透明的玻璃。史蒂夫·乔布斯等人在提交的专利申请（美国外观设计专利，专利号为D478,999S，获得专利日期为2003年8月26日）中谦虚地说道："楼梯具有透明的特点。"

透明常常不仅是一种视觉需求，更是一种社会需求。例如，尽管普林斯顿高等研究院(Institute for Advanced Study in Princeton)是公认的非民粹主义机构，但其院长却试图提高研究院的整体构造意识，并鼓励学院成员随意互动。他对负责新餐厅的建筑师提出了一项设计要求：将"社会透明"的概念蕴含其中。研究院的设计对这一要求作出了极好的回应：近50年来，该研究院在景点、走道、

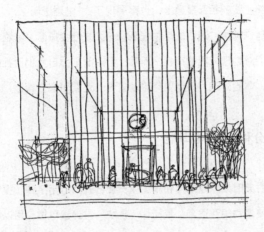

图 4 市民广场中心的这个梦幻般的透明玻璃立方体，是纽约第五大道地下苹果旗舰店的入口。这座 32 英尺的立方体以及它的电梯和旋转扶梯都是由钢结构和建筑玻璃板构成的。重力的作用使白色的苹果标志悬浮在空中。这座建筑对于光线的表达更是非同一般: 璀璨的水晶不分昼夜地闪闪发亮。苹果公司首席执行官史蒂夫·乔布斯; 建筑师波伦·西万斯基·杰克逊; 建筑师阿玛斯和夏伦; 建筑玻璃工程师埃克斯利·卡拉汉（2006 年完工）。

阳台和楼道的设计上都呈现了"社会透明"的理念（学院成员不管在哪个位置都能看到进出人员），甚至在餐厅饭桌的排列上，这一理念也有所体现；该研究院在玻璃和屏幕的立体层面上，在内部大堂与外部花园的相互贯通上，也都展现了 "物理透明"。

在建筑领域，透明既是物理概念，又是社会概念。其物理透明源自我们对物理外观的审视，而其社会透明则源自我们对社会组织的解读。体验建筑，不光要用眼睛去看，还要用心去读。

部分和整体：模块化

自古典时期，建筑师和施工人员便已开始运用某种"模块化"理念来使事物相互适合。最初，"模块"是计量单位，用以指导确定建筑物与各部分的比例，比如建筑物与柱、框、门、窗、拱顶和穹顶之间的比例。模块决定了"建筑订单"各部分的尺寸。历史学家约翰·萨默森（John Summerson）认为，建筑的目标就是使各部分和谐相依。为了使事物相互适合，古典派建筑师的任务就是实现"优化组合"。

模块化还是一种现代理念，它体现在弗兰克·劳埃德·赖特的"有机"建筑中，体现在包豪斯（Bauhaus）的工业设计作品中，体现在勒·柯布西耶（Le Corbusier）的"模度"（modulor）网格中，体现在巴黎蓬皮杜艺术中心的构成主义中，还体现在纽约洛克菲勒中心（Rockefeller Center）的模块化城市规划中。为了使事物相互适合，现代建筑师的任务就是实现优化组合。

不管是在建筑上、艺术上，还是科学上，相互适合的组合都是建立在某种模块化的基础之上。例如，16 世纪，画家阿尔布雷希特·杜勒（Albrecht Dürer）写了一本关于应用几何学的科学论著，名为《量度艺术教程》（*The Art of Measurement*）。书中，他根据方形模块设计了一种新型哥特式字体。同样地，现代的画家和雕塑家也已创造出"模块化"的艺术作品，例如彼埃·蒙德里安（Piet Mondrian）的抽象画作《百老汇爵士乐》（*Broadway Boogie-Woogie*，1942—1943）和托尼·史密斯（Tony Smith）的钢制几何雕塑《摩西》（*Moses*，1968 年）。即便是在约翰·张伯伦（John Chamberlain）那些看似即兴创作的雕塑中，"各个部分的自然交织，天然融合"也能体现出适合的原则。与之类似，现代生态学家称，在科学上，模块化对于"理解自然复合系统的发展与进化"也十分必要。1917 年，生物学家达西·汤普森（D'Arcy Thompson）发表了一部著作：《论生长与形式》（*On Growth and Form*），书中分析了自然结构和人造结构的秩序规则，意义深远。

部分和整体：衔接

在建筑学上，各种组合都是通过"衔接"联系在一起的，这在建筑表面和建筑空间上都有所体现。历史学家恩斯特·汉斯·约瑟夫·贡布里希（Ernst Hans Gombrich）提出，衔接可分为两种，他

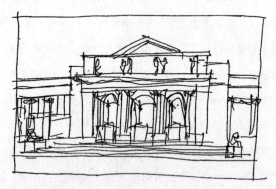

图5 纽约公共图书馆是一个大众宫殿。它巧妙绝伦地嵌在一条街道和一个绿地公园之间；这种建筑表达源自巴黎艺术学院的设计原则。建筑内部是一个规模宏大的阅览室；图书馆的作用是促进全体市民的教育和智力发展。从物理形式来讲，该图书馆采用了城市美化运动中令人赏心悦目的建筑形式；从社会形式来讲，该图书馆是进步时代的遗产。纽约公共图书馆是由建筑师卡雷尔和黑斯廷斯于1897年至1911年间共同设计完成。

将这两种衔接称为"结构性"衔接和"解释性"衔接。

结构性衔接表现出某事物的有序存在。例如，建筑材料和建筑方法或许可以清晰地衔接在一起，就像哥特式建筑的拱肋和拱顶，或是现代建筑的框架和镶板。另一方面来讲，这种构造有可能只是以间接的方式呈现在世人面前，比如在文艺复兴时期的建筑中，以平面方式呈现在墙壁上的圆柱和横梁。这种构造也可能丝毫看不出，例如："妈，快看，没有手！"这样就能产生一种震骇效应。极端地说，没有结构性衔接，定会产生混乱。

解释性衔接表现出某事物的用途。例如古典建筑的门廊，中世纪建筑的拱形门廊和现代建筑的透明大厅，它们都是作为建筑物的入口被衔接起来。无论是在城市的街道上，还是在开放的景观中，体验建筑都需要可辨别、易理解、可共享的解释性衔接。如果没有解释性衔接，定会产生困惑与混淆，即"建筑的轮廓和各个部分因信息矛盾而含糊不清"。

困惑和混淆有一个共同的特征：它们都缺乏"秩序感"。这听上去或许有些不妙，但根据贡布里希的说法，"我们最终必须能够解释审美经验最基本的事实，那就是喜悦夹在烦恼和困惑之间。"

部分和整体：尺度

体验"尺度"就是一种介于烦恼与困惑之间的快乐。如果万事万物的比例尺度都完全相同，那生活似乎会变得机械呆板，不具人性化；但当一切事物的比例尺度都毫无关联，杂乱无章，那生活貌似也会变得毫无人性化可言。

在工业革命之前，建筑物的尺度和城市的尺度都受人体限制。在水平维度上，人们通常可以在任一特定的方向往返多远是有限的；而在垂直维度上，人们可以轻松爬上多少个台阶也是有限的。

"第一机器时代"的两大工业发明改变了一切，一个是奥蒂斯（Otis）先生的安全电梯，一个是福特（Ford）先生的 T 型汽车。弗兰克·劳埃德·赖特预测，如果非要美国人在电梯和汽车之间二选一，那他们会选择汽车。到目前为止，他的预测完全正确——生长和形式创造了一个新的水平尺度。

同时，奥蒂斯先生发明的电梯也创造了一个新的垂直尺度。毫无疑问，高层建筑物的建设都有一定的规律，都是为了宗教目的、公民意愿或象征意义而建，而不是为了传统的日常生活而建。19世纪末，曼哈顿下城（Lower Manhattan）最高的建筑物是三一教堂（Trinity Church）的塔楼；而当时世界上短期内的最高塔楼则是费城（Philadelphia）的政府大厦。芝加哥卢普（Chicago´s Loop）商业区重建期间，发生了一场模式转变，在那里，用实心砖修建而成的蒙纳德诺克大厦（Monadnock Building）成为当时世界上最高的承重砌体建筑。同时，附近信赖大厦（Reliance Building）的钢制框架和模块化的"芝加哥式窗"（Chicago window）预示着城市建筑新尺度的来临。

有一段时间，似乎所有高层建筑的设计都应该像古典派的"圆

柱"一样分成三部分：底座、中段和顶部。这成为路易斯·沙利文
(Louis Sullivan) 设计城市建筑的模范。但他的学生弗兰克·劳埃
德·赖特探索出了其他的可能性，例如，他为农场路圣马可教堂
(St. Mark's-in-the-Bouwerie，纽约，1928年）设计的水晶状公
寓塔楼建筑群，以及高达一英里、直插云霄的"伊利诺伊大厦"(The
Illinois，芝加哥，1956年），这些建筑都预示着建筑新尺度的到来。

尺寸和尺度相互关联，但并不相同。尺寸是实际数值，而尺度
则是相对数值。

大型尺度

人类尺度

小型尺度

我们时刻都能体验到人类尺度。它把一切事物与我们的身体体
验联系在一起，例如，一级竖板一级踏板地攀爬楼梯，穿过旋转门，
看向凸窗外，坐在前廊上。人类尺度是建筑的基本尺度，是建筑比
例和建筑节奏的来源。

但是建筑体验不只涉及人类尺度。我们有意在某些地点和场合
进行大尺度的修建，而在其他地方则进行较小尺度的修建。城市街
道的两旁往往是同等规模的建筑，在这样的街道上，我们可能会看
到一家入口宏伟的银行紧挨着一家窗口狭小的珠宝店，也可能会看
到一座门廊阔大的公共图书馆紧挨着一个在路边摆着小座椅的咖
啡厅。看看像迪斯尼乐园和普林斯顿大学的帕尔默广场 (Princeton's
Palmer Square) 这样的地方，经过精心设计，它们的尺度都小于

人类尺度；再看看华盛顿特区国会大厦和白宫之间的联邦三角站 (Federal Triangle)，它也是特意设计成宏大的尺度；还有像西雅图的派克市场 (Seattle's Pike Place，见图9) 和霍博肯的华盛顿大街 (Hoboken's Washington Street) 这样的本土地方，它们的比例尺度各不相同，使人心情倍感愉悦。

尺度讲的就是某一事物的适合，如在建筑内铺设楼梯，在街道旁规划入口，在城市中搭建摩天大楼。是应将二者融为一体，还是应突出后者？这些都与尺度有关。

"适合"一直是问题所在。

1688年的伦敦大火过后，克里斯多夫·雷恩 (Cristopher Wren) 提议设立管理条例来进行区域重建，要求"融合"本地街墙，并为教堂尖塔"突出"战略要地。

巴黎林荫大道入口处的巴黎大剧院建于19世纪，它的建筑设计是一种宏伟壮观的"融合"型设计，而位于悉尼港口的悉尼歌剧院建于20世纪，它的建筑设计则是一个壮丽辉煌的"突出"式设计。尽管设计不同，但这两大剧院却都相当"适合"。

沿纽约第五大道 (Fifth Avenue) 而建的圣帕特里克大教堂 (St. Patrick's Cathedral) 双塔十分"突出"，路对面的洛克菲勒中心却是另一种设计，其低层的四座大楼相互"融合"成一个建筑群，而最高塔却建在后面，极为"突出"。（见图6）

设计的精髓就在于如何达到适合。

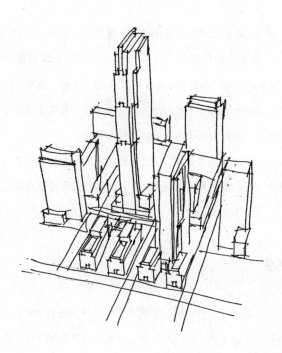

图6 纽约洛克菲勒中心是一个私人开发的成功范例，是数千人的工作场所。该中心同时还是一个建筑奇迹：它结合了学院派的对称性与现代派的垂直性，是高层建筑与底层建筑的动态组合；它还是个非常出色的建筑群设计。从街道层面上来讲，该中心的所有建筑物都直接通往人行道；较为低矮的楼阁结构相同，它们之间分布着很多市民广场：海峡花园微微倾斜，延伸至低凹的广场、溜冰场和金色普罗米修斯雕像喷泉。纽约洛克菲勒中心是由洛克菲勒中心建筑师事务所于1931年至1939年间设计而成，设计师包括莱因哈德、霍夫迈斯特、胡德、戈德利、富尔霍克斯、科贝特、哈里森和麦克默里。

愉悦和美丽

古罗马建筑工程师维特鲁威提倡的"firmitas, utilitas, venustas"是古代的建筑三元素，17世纪，亨利·沃顿爵士（Sir Henry Wotton）在一本英文译著中将其译为"坚固，适用，愉悦"（firmness, commodity and delight）。"venustas"在拉丁语中是"美丽"的意思，亨利·沃顿爵士将其译作"愉悦"。

但从根本上说，美丽和愉悦是截然不同的两个词。在体验建筑的过程中，我们或许可以用美丽来形容建筑，却可能要用愉悦来形容我们。

风格

有时，我们会幻想出一个全然不同的世界。我们为事物创造出崭新的形式，崭新的"风格"。历史学家称，要理解历史，风格的概念不可或缺，因为它表达了我们日常生活中的所想、所作、所为。

我们可以从多个角度认识风格：

根据发源地　　　　　法式风格

　　　　　　　　　　日式风格

根据建筑师　　　　　帕拉第奥风格

　　　　　　　　　　弗兰克·劳埃德·赖特风格

根据材料	木瓦风格
	铸铁风格
根据设计学派	学院派风格
	包豪斯风格
根据审美	古典风格
	浪漫风格
根据政治	保守风格
	革新风格
根据特性	乡土风格
	工业风格
根据起始时间	中世纪风格
	现代风格

现代建筑

无中不能生有。（拉丁语：Ex nihilo nihil fit.）

> 万事万物无法凭空创生。
>
> 世界万物都是因由而生。
>
> ——巴门尼德（Parmenides），公元前 6 世纪

"现代"建筑曾多次出现。

第一次，它诞生于文艺复兴时期的意大利，当时，"现代"历史从"古代"历史和"中世纪"历史中分离了出来，人们也以人文主义哲学、古典主义哲学和几何透视学为基础创造出了新式的建筑。

第二次，它诞生于工业时代的英国，当时，农业革命和工业革命改变了社会的生产方式、分配方式与消费方式。

第三次，它诞生于 19 世纪末 20 世纪初的欧美美学革命，展现出立体主义、构成主义、抽象主义与表现主义的建构景象。

第四次，它诞生于 20 世纪晚期的新数字化时代，利用电脑设计技术和非欧几里得几何表达出建筑外观、建筑整体、建筑空间和建筑移动的新建构景象。

现代主义建筑风格与社会民主政治、工业建筑方法、抽象主义、立体主义、构成主义、包豪斯风格和国际风格相联系，简而言之，就是与功能主义相联系。

自古典主义时期，功能主义便已成为一种反复出现的建筑风格。源自 19 世纪生物科学和工业技术领域的"形式服从功能"是其最清晰的表述，"实不实用？"是其最佳表达。

> 美丽是功能的承诺……
>
> 行动是功能的呈现……
>
> 特性是功能的记录。
>
> ——雕塑家霍雷肖·格里诺（Horatio Greenough，
> 1805—1852）

新现代主义建筑风格。个人主义政治、经济全球化、文化全球化、后结构主义、解构主义和电脑设计制作法相联系，简而言之，就是与表现主义相联系。

关键的不同是现代主义希望建造可共享、可再生的环境。我非常喜欢建筑师珀西瓦尔·古德曼 (Percival Goodman) 和诗人保罗·古德曼 (Paul Goodman) 兄弟俩合著的《社区》(Communitas) 一书。该书可谓是建筑风格的"终结者"，两位作者期望该书能成为标准。他们希望在特意设计的建筑群中，建造相互适合的社会建筑和物理建筑。对现代主义来讲，关键词就是社区。

新现代主义希望创建独特的环境，将其打造成一处"奇观"。震撼就是新标准。建筑被刻意设计成不稳定的结构："墙壁歪歪斜斜，屋顶波澜起伏，这些建筑物仿佛马上就要飞入太空或瞬间就要坍塌。"在这方面的作品中，我最喜欢安·兰德 (Ayn Rand) 的小说《源泉》(The Fountainhead)。对新现代主义来说，关键词就是标志性。

后现代主义一直不断涌现，它不仅源自种种问题，还源自于现代主义的种种可能。例如，现代主义者路易斯·康探索了"空间"的形成与意义，这对同样是现代主义的勒·柯布西耶"自由平面"的连续流动空间无疑是一种挑战（有人发布了对康的采访，题目就是"柯布西耶，我做得如何？"）。康在从事建筑内部工作（设计宾夕法尼亚大学的一个实验室）的同时，还从事着建筑外部工作（规划设计费城市中心的社会形式和物理形式）。建筑内部与建筑外部

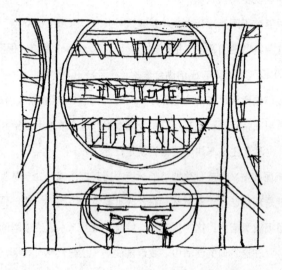

图 7 菲利普斯·埃克塞特学院图书馆位于一个传统的新
英格兰校园，它创造出了一种近乎寺院似的安静的读书环境。
建筑内部结构由自然光引导，光线从天顶中心倾泻而下，穿过
开放的书架，直到由砖墙围起来的靠窗的橡木小隔间。光线漏
过坚固的混凝土框架，这是重力作用的结果，体现出几何之美。
菲利普斯·埃克塞特学院图书馆由路易斯·康于 1967 至 1972
设计。

的发明创造就是需要这样一种进步的后现代主义。（见图 7）

城市形式

    同城市的诞生方式一样，城市形式使城市立刻拥有了生
物繁衍、生物进化和审美创造的基本元素。城市形式是自然生
成的事物，也是有待发展的事物；……是某种既已存在的东西，
也是某种梦想中的东西；它是一项卓越的人类发明。

——克劳德·列维-施特劳斯

    对于城市的生长和形式来讲，城市民粹主义和城市碑铭主义这
两种风格看似互相对立，但二者缺一不可。没有它们，我们将无法
在城市中共同生活。

    城市碑铭主义建筑是指经久不变的城市建筑：城市的基础服务
设施和基础运输设施，林荫大道、街心广场和购物中心，还有城市
的大楼和地标性建筑。

    而城市民粹主义建筑是指进行日常生活、工作、购物的城市建
筑：车行道和人行道，当地中心和居民区，还有某些特殊场所。

    民粹主义和碑铭主义这两种城市形式风格都可以从过去的画
作中看到。例如，锡耶纳的巨幅湿绘壁画就展示了城市民粹主义，
而乌尔比诺的木板油画则展示了城市碑铭主义。（见图 2）

    锡耶纳的壁画是安布罗乔·洛伦泽蒂受锡耶纳行政长官九人

委员会委托，约于 1337 年至 1339 年间为锡耶纳新市政厅的大会议
室创作的。该壁画以详尽细致的城乡全景展示了"好政府"的影响
（与会议室另一侧的结对壁画"坏政府"形成对比）——乡民赶着
牲畜涌出城墙大门，建筑排列紧密、参差不齐、形式多样，一些商
家开门做生意，九个年轻少女围成一圈在街上翩翩起舞。城市的整
体形式源自城市的基础设施（主要是城墙、城门、街道、市场、水
井和喷泉），其中包括一群不规则的厚壁建筑群，建筑的拱廊都是
开放式的，拱廊上方则都是狭窄的垂直窗。不论是政治权力还是宗
教权力的建筑表达，在画中都不占主导地位——画中没有锡耶纳市
政厅，也没有广场，就连大教堂的穹顶和塔楼也只能在天边一隅勉
强看见。相反，画中展现了经济活动和社会活动的点点滴滴，展现
了日常的自然街头生活，也就是那种积极的生活（vita activa）。
虽说这组壁画是由锡耶纳政府亲自委托、亲自展示，但实际上，它
颂扬的是城市民粹主义。

　　乌尔比诺的著名木板油画《理想城》创作于 1480 年前后，作
者可能是皮耶罗·德拉·弗朗西斯卡（Piero della Francesca），该
画下面还有一幅精心构造的透视图，经过近代 X 光射线的检查，
以及利用反射比检测法摄取图像后对图像所进行的研究，发现该
透视图的作者是哲学家莱昂·巴蒂斯塔·阿尔贝蒂（Leon Battista
Alberti）。（见图 1）至于创作这幅画的确切时间与目的，目前尚
不确定。这幅作品就像一个巨大的舞台布景，台上打着闪耀的白色
灯光，舞台大幕即将拉开。画中没有人物，这或许是在暗示一种信

念：理想社会源自理想之地。画中的建筑采用了古典派的建筑语言——墙壁带有圆柱和壁柱，窗户和大门都带有边框，拱廊和凉廊呈现出开放式。画面平静又和谐，干净又整洁，画中甚至还有两口相互对称的水井，或许可供人从中取水。显然，这是一个秩序井然的社会。该画体现了文艺复兴时期的数学理想、透视画法和建筑形式，画中展现了一个几何建筑群，其中的每座建筑都有着相似的规模、相同的节奏感，这些建筑围起了一个大广场，广场中心是一个圆形建筑。该画颂扬了城市碑铭主义。

城市碑铭主义

第一批移民将城市碑铭主义带到了美国，并将其呈现在新城市的理想规划中。美国最早的殖民地中包括康涅狄格州的纽黑文和宾夕法尼亚州的费城，它们的城市规划都呈长方形，左右对称，且规模宏大，与波士顿和曼哈顿下城的中世纪街道模式形成鲜明对比。

纽黑文是殖民地中最先规划的城市。1638 年，经过移民土地测量师的一番设计，几何网格式的街道将城市划分成了九个相等的正方形，这种结构看上去就像棋盘一样。该设计有其古代渊源：古罗马军营的设计和古罗马工程师维特鲁威的理论，例如，它们都是利用街道网格的方位来捕捉微风，或是避开疾病。文艺复兴时期的许多设计都使用了同一种建筑语言——用笔直的道路和平坦的广场构成网格。但是纽黑文却与众不同，该市的中心广场是一片绿树掩映的开阔草地，人们将其命名为"绿地"（The Green），这里一直是纽黑文的中心地带。耶鲁大学的"老校区"就在纽黑文绿地旁边。绿地对面就是市政厅、邮局、企业和银行。19世纪，绿地上建起了三座宏伟壮观的大教堂。牧师伦纳德·培根博士（Leonard Bacon）在一次"公民演说"中赞美了这片绿地，称其"不只是一个公园或是一处游乐场所，还可以用作公共建筑场所、阅兵和演习场所、买卖双方的会面场所或群众的集会场所，这个地方可以用于所有这类的公共目的，正如罗马保留的旧时广场和雅典保留的古代'集市'（Agora）"。纽黑文的网格设计和中心广场成为美国城市碑铭主义的一个典型。

1683年，威廉·佩恩（William Penn）在对费城进行规划时，设想了一处新的移民点，这个地方比同时期的伦敦和巴黎都要大。它位于一片叫作"Pennsylvania"（原意"佩恩的林地"，现音译为"宾夕法尼亚"）的森林旷野中，旷野中有特拉华河（Delaware River）和斯古吉尔河（Schuylkill River）两条河，佩恩的理想化"绿色城镇"就建在两河之间，足足绵延两英里。小镇呈几何形状，街道呈矩形网格，在两条主轴线的交汇处有一个市民广场，而且四个象限内各有一个小区广场。这种规划同时体现出区域概念——在城镇购买一处住宅，就搭配周围乡下的一块土地。19世纪末，费城正值工业时代，一座新的市政厅在中心广场拔地而起，它是当时世界上最高的居住建筑，顶部有一个灯火通明的钟塔和一座威廉·佩恩的铜像。20世纪初，原始的街道网格被一条宽对角线切分开来，就像法国绿树成行的林荫大道一样，这条线将市政厅与一个宏伟的新地标连接起来，这个新地标就是位于一个地区绿地公园入口处的费城艺术博物馆（Philadelphia Museum of Art）。费城体现了建筑的城市碑铭主义、城市规划和区域形式。

美国创建了一方矩形的国土。托马斯·杰斐逊于1785年编写了第一国会法案，要求实行"矩形土地测量"制度（rectangular land survey）。从一开始，测量就采用几何形式，但同时，它在内容上却具有哲学性、政治性、经济性和社会性。（几十年后，杰斐逊在为一所大学设计"学术村"时运用了相似的概念。见图8）新的土地测量制度代替了原先的"界址"测量方法——根据地理事物的物理特征来划分地界，比如岩石、树木、溪流或其他独特的标志；与之相反，新的矩形土地测量制度是根据地理事物在矩阵中，也就是在矩形网格中的位置来划分地界。该土地测量制度产生了深远的影响。对新成立的国家而言，该网格结构规划了领土；对于政治功能而言，该网格划定了政府的界线，界定了各镇、各县、各州；对于城市规划而言，该网格创设了地基、土地结构和城市"领域"。

美国将矩形网格应用在了两个方面：一是用作理想秩序的表达形式，二是用作适合事物的实践机制。最棒的是，该网格结构创造了"建筑群形式"，这是一种建筑和景观的城市框架，例如，纽约委员会在1811年规划的曼哈顿街道网格，还有克利夫兰市（Cleveland）在1903年为其市政府大厦制定的"建筑群规划"。该网格孕育了很多著名的城市街道，如纽约第五大道、波士顿联邦

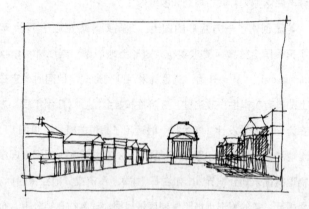

图8　托马斯·杰斐逊（1743—1826）在晚年创办了自己的理想大学。他为之设计了物理形式和社会形式，并把它称为"学术村"。对大学来说，这是一种新型标准化形式，学校的焦点所在是图书馆的圆形大厅（不是小教堂），中间是片大草坪（不是砖石铺成的四方庭院），草坪两侧是线性排列的柱廊，柱廊之后便是学生宿舍和为教授而建的十座大楼，师生可以在这里共同生活，共同工作。它体现了杰斐逊心目中理想的景观、建筑、文化和政治。弗吉尼亚大学，由托马斯·杰斐逊（1819—1825）设计。

大道、洛杉矶威尔希尔大道。该网格还造就了很多著名的城市广场，如萨凡纳 (Savannah) 的 22 座绿叶广场、纽约的洛克菲勒中心广场、波兰特的先锋广场 (Pioneer Square in Portland)、旧金山的联合广场。几百年来，为了更好地适应新型能源、新型车辆、新型车行道和公交专用道，矩形网格的理论和实践不断发展，为新社会创造出新的街道景观。

19 世纪末，美国开始举行各种庆祝活动，芝加哥成为各大庆祝活动的重要地点。为了纪念哥伦布 (Columbus) 从旧世界驶入新世界的航行而举办的哥伦比亚世博会 (1893 年) 在此举行，为了纪念新美国诞生的庆祝活动也在此举行。芝加哥既回首过去，又放眼未来。一方面，芝加哥世博会的设计者——一群堪称美国史上空前绝后的建筑师、景观设计师、画家和雕塑家，齐心协力利用欧洲过往的意象提出了对未来城市的幻想："白色之城" (White City)。另一方面，1871 年的大火灾过后，现实中的芝加哥一直在进行重建，走的是工业时代的新建筑风格——用金属骨架搭建的框架结构，即"芝加哥框架" (Chicago frame)，以及用大型玻璃嵌板构成的矩形立面，即"芝加哥式窗"。

芝加哥激发了公民的自豪感。1909 年，商业俱乐部那些有实力的商人赞助了"芝加哥规划" (Plan of Chicago) 的准备工作，这一规划十分全面。为了纪念总设计师丹尼尔·哈德逊·伯纳姆 (Daniel H. Burnham)，该规划现在被人们称为"伯纳姆规划"(Burnham Plan)。芝加哥规划本质上是一个改善城市的框架——改善湖畔、

图 9　派克市场是西雅图的公共市场，专为农民和工匠而设，市场上立着一个广告牌，自豪地宣称："让消费者面对生产者。"派克市场始建于 1907 年，后来曾面临被拆除的危险，但最终得以挽救，并在 1960 年代重新受到民间艺术家的关注。当下的派克市场已成为一个生气蓬勃的多元化街区，并且仍在不断发展。派克市场是由建筑师维克多·斯坦布律克和他在市场上结交的朋友共同创作的城市设计（1963—）。

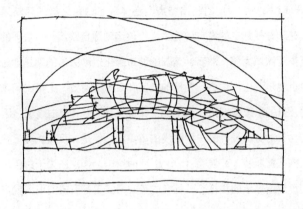

图10　千禧公园的设计始自丹尼尔·伯纳姆对芝加哥和密歇根湖湖畔的宏伟规划，最终由弗兰克·盖里设计的"欢乐颂"收尾——这是座不锈钢带状壳体建筑，下方建有大草坪，还有为观众而设的悬挂着音响的网格钢架。千禧公园，杰伊·普利兹克露天音乐厅，由建筑师弗兰克·盖里设计（1999—2004）。

街道、林荫大道、铁路、码头、地区公路、水道和港口，以及公园和自然景观。该规划是美国历史上伟大的城市档案之一。

城市美化运动 (City Beautiful movement) 不仅体现了进步时代 (Progressive Era) 的政治特点，还体现了白色之城的建筑风格以及芝加哥规划中的城市碑铭主义。该运动源自欧洲，与法国的城市及景观渊源尤深。然而，美国的城市美化运动关注的则是地区问题，也就是卫生、住房、拥挤的社区和政治的腐败。这是一场改革运动，目的是改善城市。当下的"城市美化"一词有些歧义，因为它暗含着对城市设计的一种肤浅的审美观，但是，正如扒粪记者亨利·德马雷斯特·劳埃德 (Henry Demarest Lloyd) 在关于白色之城的文章中所揭示的那样："社会的美观与实用都有望实现，就连人们做梦都不敢想的社会和谐也有望成为现实。"

后来，城市美化运动成为城市设计的一种风格。尽管"风格"的概念广泛应用于艺术和建筑领域，但它在城市设计史上却并不常见。当时，城市美化风格将建筑的公共艺术、景观设计、城市规划、绘画艺术与雕塑艺术都结合在一起，成为一种极受欢迎的选择。

布莱恩特公园 (Bryant Park) 坐落在纽约第五大道新公共图书馆的后面，其几何造型十分优雅。该公园最初是以城市美化的景观风格来设计的，但后来在简·雅各布斯 (Jane Jacobs) 的同事威廉·霍林斯沃斯·怀特 (William "Holly" Whyte) 的努力下，该公园风格大变。怀特的大半人生都在研究"小城市空间的社会生活"，而布赖恩特公园就是根据他的理念改建的。现在这里常常摆着活动桌椅，漩涡般的各路人流汇聚于此，天黑后这里还经常举办爵士音乐节或电影节。正如布莱恩特公园所展现的那样，城市民粹主义完全可以恰当地融入城市碑铭主义之中。

城市民粹主义

20 世纪，美国出现了两个关于城市未来的绝妙提案，一个是丹尼尔·伯纳姆 (Daniel Burnham) 于 1909 年提出的，另一个是简·雅各布斯于 1961 年提出的。这两个提案有着天壤之别：一个论证了城市碑铭主义，另一个则探索了城市民粹主义。

丹尼尔·伯纳姆是一名建筑师，而简·雅各布斯是一名记者。伯纳姆的理念源于建筑的历史、理论与实践，而雅各布斯的理念则源于观察。

伯纳姆率领芝加哥规划（1909 年）的设计团队工作在铁路交易所大厦 (Railway Exchange Building，现在的圣达菲中心) 的顶层办公室，透过办公室的窗户可以将市中心的卢普区尽收眼底。简·雅各布斯住在哈得逊街 (Hudson Street)，走过纽约格林威治村 (New York′s Greenwich Village) 的大街小巷，这些经历让她写下了《美国大城市的生与死》 (*The Death and Life of Great American Cities*，1961 年) 一书。

规划市区的最佳途径是去审视现在人们是如何利用市区

的：去探寻市区的优势，并对其加以拓展和强化。

——简·雅各布斯，《市中心为人民而存在》(1958 年)

对简·雅各布斯而言，"周围的世界"始于"街道"。她曾写道，街道"是市区最重要的一部分。它是城市的神经系统，传达着城市的风格、感觉与风景。它是交易与交流的主要场所"。街道是一个自发的大舞台，人们在街道上来来往往，有时在旁边驻足停留，有时又举步前行，有的看着来往行人，有的解读着周围建筑（一个集会场所或一处居民房屋的门窗和标志符号）。

简·雅各布斯运用的是典型的美式思维——经验主义（问，发生了什么事？）和实用主义（问，这适合街道、街区和社区吗？）。她改变了我们想象中建筑与社会适合的方式。

建筑与社会

该宣言认识到建筑与社会之间存在着一种真正的、动态的、复杂的对话关系。

宣言的开头部分提出了下列几个问题：我们为什么要对生活场所和工作场所进行设计？为什么不干脆住在大自然或者一片混乱之中？社会为什么要关注建筑？建筑为什么如此重要？

通过对建筑自身的审视，该宣言对这些问题作出了以下解答：

建筑的起源是自然；

建筑的任务是将功能和表达相结合；

建筑的遗产是形式。

该宣言认为，建筑设计应当做到：

与建筑目的相适合；

与周围环境相适合；

与未来改建相适合。

关键词是"适合"。

参考书目

1．内森·格雷泽，《从原因到风格》（新泽西州普林斯顿：普林斯顿大学出版社，2007 年），第 3 页。

2．内森·格雷泽，《社会议程发生了什么？》，引自《美国学者》，2007 年春刊，http://theamericanscholar.org/what-happened-to-the-social-agenda/。

3．赫伯特·A.西蒙，《人工科学》，第二版（马萨诸塞州剑桥：麻省理工学院出版社，1981 年），第 129 页。

4．克利福德·格尔茨，《地方感》编后记（新墨西哥州圣达菲：美国研究学院出版社，1996 年），第 262 页。

5．丹尼尔·罗杰斯，《断裂的年代》（马萨诸塞州剑桥：哈佛大学出版社，2010 年）第 5 页。

6．迈尔斯·格伦迪宁，《建筑的邪恶王国？》（伦敦：Reaktion Books，2010 年），第 140 页至第 170 页。

7．伍迪·艾伦，《如果印象主义者都是牙医》，引自《不长羽毛》

（纽约：兰登书屋，1975 年）第 199 页。

8. 泰奥菲尔·戈蒂埃，《莫班小姐》前言（巴黎，1934 年），第 22 页，艾尔德尔·詹金斯译，《为艺术而艺术》，引自《思想史大辞典》，菲利普·维纳编（纽约：Charles Scribner´s Sons，1968 年），第 110 页。

9. 奥斯卡·王尔德，《道林·格雷的画像》前言（纽约：Barnes Noble Classics，2003 年），第 1 页。

10. 克莱夫·贝尔，《艺术》（伦敦：Chatto & Windus，1914 年），第 37 页。

11. 彼得·埃森曼，引自斯皮罗·科斯托夫的《建筑史：布置与仪式》，第二版（纽约：牛津大学出版社，1995 年），第 759 页。

12. 波寇·维兹，《光之帝国：科学与艺术发现史》（纽约：Henry Holt and Company，1996 年），第 91 页。

13. 莎拉·巴雷特，《石墙大师论完美适合》，引自《纽约时报》，2011 年 7 月 6 日。

14. 马克－安托万·陆吉埃，《论建筑》（1753 年）。

15. 亨利·大卫·梭罗，《散步》，引自《远足》，约瑟夫·J. 莫尔登豪尔编（新泽西州普林斯顿：普林斯顿大学出版社，1949 年），第 37 页。

16. 托马斯·杰斐逊，《弗吉尼亚州声明》（弗吉尼亚州里士满：J. W. Randolph，1853 年），第 176 页。

17. 保罗·谢巴德，《景观中的人：自然美学的历史观》（纽约：阿尔弗雷德·A. 诺普夫出版公司，1967 年），第三章，"花园景象″，第65页至第118页。

18．里欧·马克思，《花园里的机器：美国的技术与田园理想》（纽约：牛津大学出版社，1964年），第3页。

19．威廉·佩恩，《宾夕法尼亚编年史》，塞缪尔·哈泽德编（费城：Hazard and Mitchell，1850年），第530页。

20．尤金·P．奥德姆，《生态学》（纽约：Holt，Rinehart and Winston，1963年），第七章，″世界上主要的生态系统……″，第112页至第135页，引自第135页。

21．卡尔弗特·沃克斯，《别墅和村舍：一系列设计》（1872；安阿伯：密歇根大学图书馆，2011年），第111页。

22．拉尔夫·瓦尔多·爱默生，《英国人的特质》（夏威夷群岛火奴鲁鲁：太平洋大学出版社，2002年），第41页。

23．约翰·丹尼斯，《诗歌批评的依据》（1704），引自理查德·P．考尔版，《英国诗学论：16世纪到19世纪教义和思想的发展》（伦敦：麦克米伦公司，1914年），第55页。

24．引自查尔斯·爱德华·高斯，《法国艺术家的美学理论：1855年至今》（马里兰州巴尔的摩市：约翰斯·霍普金斯大学出版社，1949年），第37页。

25．约翰·杜威，《艺术即经验》（纽约：Minton，Balch & Company，1934年），第13页。

26．格尔茨，《地方感》编后记，第262页。

27．克劳德·列维－施特劳斯，《原始思维》（芝加哥：芝加哥大学出版社，1966年），第168页。

28. 克利福德·格尔茨,《文化的解释》(纽约: Basic Books, 1973年), 第45页。

29.《牛津哲学手册》, 新版, 泰德·洪德里奇编(牛津大学出版社, 2005年), 见该条目 "本杰明·富兰克林"。

30. http://www.toronto.ca/planning/urbdesign/civicimprove.htm。

31. 苏珊·朗格,《感觉与形式》(纽约: Prentice Hall, 1997年)。

32. 引自艾玛·伍拉克特, "US Plans $1 Billion Moated Embassy", TG Daily 网站, 2010年2月25日, http://www.tgdaily.com/sustainability-features/48582-us-plans-1-billion-moated-embassy。

33. "LA Officials Unveil $437M Police Headquarters",《卫报》官网, 2009年10月24日, http://www.guardian.co.uk/world/feedarticle/8772179。

34. 约翰·萨默森,《建筑的古典语言》(马萨诸塞州剑桥: 麻省理工学院出版社, 1963年)。

35. 阿尔布雷希特·杜勒,《关于字母应有的造型》(纽约: 多佛出版社, 1965年), 第41页。

36. 雷切尔·格什曼,《约翰·张伯伦》, The Art Story Foundation, 2012年, http://theartstory.org/artist-chamberlain-john.htm。

37. 维尔纳·卡勒博和迭戈·拉斯金·古特曼,《模度》(马萨诸塞州剑桥: 麻省理工学院出版社, 2005年), 第283页至303页。

38．达西·汤普森，《生长和形式》，J．T．邦纳编（剑桥：剑桥大学出版社，1961 年）。

39．恩斯特·汉斯·约瑟夫·贡布里希，《秩序感》（纽约伊萨卡岛：美国康奈尔大学出版社，1979），第 164 页至 165 页。

40．同上，第 165 页。

41．同上，第 9 页。

42．霍雷肖·格里诺，《形式和功能：评艺术，设计与建筑》（伯克利：加州大学出版社，1947），第 71 页。

43．格雷泽，《从原因到风格》，第 278 页。

44．克劳德·列维-施特劳斯，《衰落中的世界》，约翰·罗素译（纽约：CriterionBooks，1961 年），第 127 页。

45．亨利·泰勒·布雷克，《纽黑文绿地 1638 年至 1862 年》（康涅狄格州纽黑文市：Tuttle, Morehouse & Taylor, 1898 年），第 10 页。

46．引自托马斯·S．海恩斯《建筑：城市美化运动》，芝加哥百科全书网站，http://encyclopedia.chicago.history.org/pages/61.html。

47．威廉·霍林斯沃斯·怀特，《小城市空间的社会生活》（华盛顿特区：Conservation Foundation，1980 年）。

48．简·雅各布斯，《美国大城市的生与死》（纽约：兰登书屋，1961 年）。

49．简·雅各布斯，《市中心为人民而存在》，引自《爆炸的大都市》，威廉·霍林斯沃斯·怀特编（伯克利：加州大学出版社）。

50．同上。